教孩子学 Python 编程

张益珲 著

清华大学出版社

北京

内 容 简 介

　　本书由经验丰富的程序员编写，从零开始，全方位、生动有趣地讲解Python编程的方方面面。内容主要包括：Python开发环境的配置、基础语法、文件操作、桌面应用开发、游戏开发、数据库操作、用Python开发网站和编写爬虫等知识。全书以兴趣为核心，通过示例引导，循序渐进地让读者学习用Python编写应用程序。另外，本书还设计了赏心悦目的漫画插图，录制了同步视频教程（手机扫码即可观看），不仅可以大幅降低读者在学习过程中的枯燥感，还可以帮助读者跨越可能遇到的障碍。

　　希望本书能让每一位初学者体验到编程的乐趣。

本书封面贴有清华大学出版社防伪标签，无标签者不得销售。
版权所有，侵权必究。侵权举报电话：010-62782989　13701121933

图书在版编目（CIP）数据

　　教孩子学Python编程/张益珲著. —北京：清华大学出版社，2019
　　ISBN 978-7-302-53401-3

　　Ⅰ．①教… Ⅱ．①张… Ⅲ．①软件工具－程序设计－青少年读物
Ⅳ. ①TP311.561-49

　　中国版本图书馆CIP数据核字（2019）第178820号

责任编辑：王金柱
封面设计：王　翔
责任校对：闫秀华
责任印制：丛怀宇

出版发行：清华大学出版社
　　　　　网　　　址：http://www.tup.com.cn，http://www.wqbook.com
　　　　　地　　　址：北京清华大学学研大厦A座　　　　　　　邮　　编：100084
　　　　　社 总 机：010-62770175　　　　　　　　　　　　　邮　　购：010-62786544
　　　　　投稿与读者服务：010-62776969，c-service@tup.tsinghua.edu.cn
　　　　　质量反馈：010-62772015，zhiliang@tup.tsinghua.edu.cn
印 装 者：三河市铭诚印务有限公司
经　　销：全国新华书店
开　　本：170mm×240mm　　　　　印　　张：20　　　　　字　　数：448千字
版　　次：2019年10月第1版　　　　　　　　　　　　　　　印　　次：2019年10月第1次印刷
定　　价：99.00元

产品编号：080823-01

前　　言

首先，感谢你在众多编程图书中挑选了本书。在编写本书之前，编者出版过多本编程相关的教程，其中有偏向理论知识的语法书，也有偏向实战与工作的应用教程，但是本书是编者所有出版的编程图书中最得意，也是最想推荐给爱好编程的朋友的一本。

编程本该是有趣的，学习编程，可以将其作为主业，从事编程行业工作，也可以将其作为工具应用于自己当前的工作中。更重要的是，它可以成为你的一个兴趣爱好，用编程技术做各种各样有趣的小创意。对于孩童和青少年，学习编程是开发智力、锻炼逻辑思维和动手能力的极佳训练方式。

本书的核心是从有趣出发，无论是成年人还是青少年，在阅读本书的过程中都将感到非常有趣，阅读本书的过程像是经历一次神奇的编程旅行，循序渐进地引导你进入编程世界的大门。另外，如果你是编程的门外汉，不知道自己应该向哪个方向学习，本书会带你体验各个开发领域的简单应用，阅读完本书后，你就会对自己的兴趣有明确的方向与目标。

下面介绍本书的章节安排。

第 1 章是本书的入门章节，内容虽然简单，却也非常重要，本章是你编程之旅的开始，同时将带你一起做好学习前的准备。

第 2 章和第 3 章主要介绍 Python 语言的相关知识，配合插图和有趣的示例，让你在不知不觉中掌握晦涩难懂的语法。

第 4 章介绍使用 Python 开发桌面应用的相关技术，本章将非常有趣，你可以通过自己的实操来真正地编写桌面小程序。

第 5 章介绍 Python 的文件操作，有了这个工具，能够使你的文案工作效率大大提高。

第 6 章介绍使用 Python 来开发游戏的相关技术，其中会介绍专业的游戏开发框架，乐趣无穷。

第 7 章介绍如何使用 Python 编写个人博客，将自己的文章发布在自己的网站上，这种感觉一定很棒。

第 8 章介绍使用 Python 编写爬虫的相关技术，学习爬虫是做数据分析的基础，通过本章的学习可能会激起你学习数据分析的兴趣。

第 9 章是本书的结束，同时也是你编程之路的开始，本章将介绍更多编程方向供你选择，找到自己的兴趣，然后前进吧。

除了丰富的内容、有趣的示例、大量的实操、真实的项目外，在本书的各个章节中，还穿插了各种有趣的漫画插图和视频二维码，漫画插图生动形象地描述知识难点，可以更好地帮助你理解，同时直接扫描二维码可以免费观看对应章节的同步视频教程。在学习过程中，如果有更多疑问，可以加入本书的学习交流 QQ 群和大家交流解惑，QQ 群号：849439989，同时也可以直接和编者进行交流，编者 QQ 号：316045346。

你可以扫描以下二维码下载本书的示例源代码：

如果你遇到下载问题，请发送电子邮件至 booksaga@163.com，邮件主题为"教孩子学 Python 编程"。

本书得以顺利出版，要感谢家人朋友的支持，在每个写稿的深夜，他们总是无私地给我陪伴与支持。更要感谢王金柱编辑，从本书的选题、校稿到配图的选择和修订，王编辑都无私地付出了巨大的心血，没有他的努力，本书无法出现在你的手上。最后，还要感谢朱佳勤小姐为本书绘制了精美的插图，让本书更加赏心悦目。

本书的名字是《教孩子学 Python 编程》，其实在编程的世界中，谁又何尝不是一个孩子呢？衷心地希望本书可以带给每一位读者预期的收获。

著者

2019 年 6 月 12 日

目　　　录

教孩子学 Python 编程

第1章

开始 Python 编程之旅

本章的题目是开始 Python 编程之旅，称之为旅程是因为我觉得编程本身就是一种创造性的工作，学习编程是一个有趣而自由的过程。说它有趣，是因为在学习的过程中，你会一步一步地进入一个以前从未涉足过的世界，接触到另一种思维方式，理解计算机是如何工作的，曾经喜欢的游戏是怎么运行的，甚至可以与计算机交流，开发自己的小游戏。这个过程是自由的，编程不是做算术题，完成同一个目标的方式千千万万。并且，你可以发挥想象力，让计算机帮助你实现曾经想做而无法做的事。

本章是我们这趟旅程的起点，一扇神奇的大门即将向你打开，在踏进大门之前，你应该先准备一些东西，就像旅行前我们需要准备足够的干粮、帐篷、衣物等一样。本章将告诉你开始这趟编程的旅行前需要准备些什么。下面就让我们开始吧，Let's go ！

1.1 从一个故事说起——关于 Python

1989 年的圣诞节，啤酒、礼花、笙歌乐舞，在这个一年一度的重大节日里，人们都在尽情地释放自己，庆祝新年。在阿姆斯特丹，Guido 却并没有加入喧闹的人群，相比于热闹，他更喜欢一个人安静地思考问题。不过，这个假期对他来说着实无聊，连他平时喜欢看的 Monty Python 马戏团的演出也停止了。于是，为了打发这无聊的假期时间，Guido 编写了一个新的脚本程序，并给它取名为 Python……

1、1、1 和计算机对话

上面只是一个流传甚广的小故事，伟大的 Python 语言竟然是在如此戏剧的情况下开发出来的，不得不赞叹 Python 发明者 Guido 的技艺超群。Python 是编程世界中流行的几十种编程语言的一种，并且是足够优秀、足够强大的一种。现在，你可能对编程语言是什么还搞不明白。你一定学习过一些简单的外语。以英语为例，如果你有一个英国朋友，当你早上见到他时，你会对他说"Hello,Good Morning"，他就会明白你在向他问早上好了，"英语"就是你和他之间交流的桥梁，就是我们现实生活中的一种交流语言。"编程语言"是我们和计算机交流的一种方式，比如，你直接对计算机说"喂，帮我计算一下 3+2 等于多少"，它一定不会有任何反应，因为它不懂我们人类的语言，你需要使用 Python 语言来告诉计算机你需要让它算数，例如：

```
print 3+2
```

上面就是一句 Python 代码，它的作用是让计算机计算 3+2 的值。现在你不必理解它的含义，只是想让你看看 Python 语言看上去是什么样子的，很简单吧。

帮你解惑　其实，不仅仅编程才算与计算机对话。平时我们在使用计算机时，都是与计算机的一种交流。但是"使用计算机"这种交流是通过翻译进行的，充当我们与计算机之间翻译角色的就是程序。而编程则是使用编程语言与计算机直接进行交流的。

1、1、2 Python 的起源与发展

正如前面的小故事介绍的，1989 年的圣诞节，Guido 开始编写 Python 语言的编译器。Python 为英语蟒蛇的意思，其名字的灵感来源于 Monty Python 马戏团。Python 在设计时，其核心的思想是功能全面、易学易用、面向对象、方便扩展等。1991 年，第一个 Python 编译器诞生，这标志着 Python 语言正式诞生。1994 年，Python 发布 1.0 版本。2000 年，Python 发布 2.0 版本，构成了目前 Python 语言的主要框架基础。2004 年，Python 发布 2.4 版本，并且非常流行的 Python Web 框架

Django 诞生。2010 年，发布 Python 2.7 版本。之后，Python 2.7.x 和 3.x 两条分支并进。虽然 Python 3.x 与 Python 2.7.x 有些许的差异，但是主体的语言语法、内置类库、编写风格基本一致。本书将采用 Python 2.7.x 版本进行学习。我相信，如果你学会使用 Python 2.7.x，那么学习 3.x 版本只需要注意一些差异即可。

1.1.3 Python 可以做什么

Python 可以做什么？在学习之前，这是你一定要弄清楚的一个问题。首先需要明白，编程语言只是一种工具，我们真正的目的是与计算机"交流"。尽管如此，编程语言的应用场景也不尽相同，例如有一种叫作 Objective-C 的编程语言，基本上只是用在苹果设备软件的开发中。相比起来，Python 语言的用武之地则大很多。

Python 可以用来做接口服务。对于接口服务，你现在可能比较陌生，但它是网站开发、App 应用开发，甚至是游戏开发中必不可少的组成部分。接口服务用来给我们的应用程序或游戏提供数据支持。例如，你可能见过一些天气预报的小程序，这些天气数据就是由相关的接口服务提供的。

Python 可以编写大型网站，在你平时尽情地享受网上冲浪的乐趣时，有没有想过这些五彩斑斓的网站是如何做出来的？不要觉得神奇，使用 Django 框架可以让你"五分钟"搭建一个基础的网站。Django 是 Python Web 开发中一个非常流行的框架，在后面的章节中安排了编写博客网站来让你领略 Django 框架的强大。在国内，有很多知名的网站都是采用 Python 编程语言开发的，例如知乎、虎扑、豆瓣、美团等。世界知名网站 Google 也在大规模地使用 Python 编程语言。

帮你解惑

什么是框架？你有过拼装玩具汽车的经验吗？在拼装玩具汽车时，相信你一定不会自己去做轮子、车头、发动机、车顶、车门等，这些基础组件在玩具出厂时就为你提供了。编程框架就是这样的一些组件，是前辈们创造并完善之后直接提供给你实现某些功能的模块。科学的发展需要站在巨人的肩膀上，编程也一样。

Python 可以用来编写工具脚本，其定位是一种解释型语言。解释型语言最容易的就是编写脚本工具。你可以使用 Python 编写一个图片合成工具，为你在旅行中拍的照片自动加上水印标记。你也可以使用 Python 编写简单的翻译脚本，帮助你学习英文。

Python 可以用来编写桌面软件，在使用计算机时，一定会使用各种各样的桌面软件，如听音乐的软件、看电影的软件、聊天软件，还有用来完成作业的文档软件等。无一例外，这些软件都有漂亮的界面。使用 Python，你就可以轻松地开发出这样的软件。并且，Python 有着很强的跨平台性。也就是说，你编写一次代码，即可在 Mac OS X 系统、Windows 系统和 Linux 系统上运行。

Python 可以用来编写趣味游戏。PyGame 是一款基于 Python 的游戏开发框架，使用 Python 来开发游戏，你一定会兴趣十足。计算机除了用来工作外，娱乐也是不可或缺的功能。本书后面安排了章节开发属于你自己的小游戏。

Python 可以用来开发网络爬虫程序。所谓网络爬虫，只是一种形象的比喻，人们常常说互联网就像蜘蛛网，将世界各地的信息编织在一起。爬虫程序是一种抓取信息的程序，你可以使用爬虫程序将互联网上喜欢的偶像的所有信息整合在一起。更深入一些，Python 不仅可以开发爬虫程序，还可以对抓取的数据进行分析与总结，数据分析也是 Python 语言的特长。

上面介绍了很多关于 Python 的用途，除了觉得神奇外，相信你也进一步提高了学习 Python 编程语言的兴趣。马上你就可以见到 Python 的真容，Come on！

1.2 交一个新朋友—— Python 编程语言的安装

要使用 Python 编程语言，首先需要在计算机上安装 Python。根据使用的操作系统不同，Python 的安装略有差别。但是不用担心，后面我们会分别介绍在 Mac OS X 系统、Windows 系统和 Linux 系统上安装 Python 的方法。

1.2.1 什么是计算机操作系统

操作系统也是一种软件，只是它是一种更加高级的软件，其他的应用程序都是运行在操作系统上的略低级的软件。计算机工作需要软件和硬件的结合，比如显示器的显示、声音的播放等都需要计算机硬件进行配合。操作系统是管理和控制计算机硬件与软件资源的程序。操作系统的开发非常复杂，也非常底层，通常是一群"牛人"共同合作开发出来的。我们现在可以使用甚至开发形形色色的计算机软件，要感谢这些前辈为我们提供的平台支持。

Mac OS X 是一套运行于苹果系列计算机上的操作系统。如果你的计算机是苹果品牌的（有一个被咬了一口的苹果标志），那么十有八九使用的是 Mac OS X 操作系统。

Linux 操作系统可能是你比较陌生的一种操作系统，但是它是许多"极客"和"编程大牛"的最爱。Linux 是一套免费使用和自由传播的类 UNIX 操作系统，换句话说，Linux 是开源的，任何人都可以使用或修改源代码，这也是众多开发者喜欢它的原因（喜欢编程的人大多也喜欢分享）。

Windows 是微软公司研发的一套操作系统，除了苹果电脑外，大多数主流品牌电脑预装的都是这种操作系统。在作者上学的时候，计算机课堂上使用的是 Windows 操作系统，并且是 Windows 95。目前主流的 Windows 操作系统版本是 Windows 10，它和最初的版本看上去已经完全不同，并且非常好用，总之作者个人非常喜欢它。

1.2.2 在 Mac OS X 操作系统上安装 Python

一般情况下，Mac OS X 系统已经自带了 Python。你可以通过下面的方式检查计算机中是否已经安装了 Python。

首先在 Launchpad 中找到终端应用程序，如图 1-1 所示。

图 1-1 打开终端应用程序

在终端中输入 python，之后按回车键，如果你的终端出现如图 1-2 所示的输出并且进入 Python 交互环境，就说明你的计算机中已经安装了 Python。

```
[192:~ jaki$ python
Python 2.7.10 (default, Oct  6 2017, 22:29:07)
[GCC 4.2.1 Compatible Apple LLVM 9.0.0 (clang-900.0.31)] on darwin
Type "help", "copyright", "credits" or "license" for more information.
>>>
```

图 1-2 进入 Python 交互环境

图 1-2 输出了关于 Python 的一些信息，其中 2.7.10 是 Python 的版本号。前面提到过，本书将采用 Python 2.7.x 版本进行讲解和演示。

如果你的计算机没有如图 1-2 所示的输出，没有关系，因为安装 Python 十分容易。进入 Python 官网（https://www.python.org/），选择网站中的 Downloads → Mac OS X → Python 2.7.x 进行下载，如图 1-3 所示。

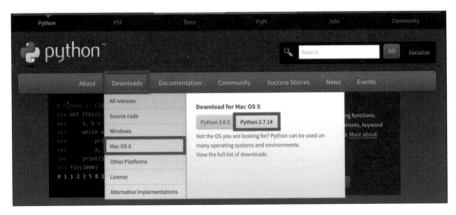

图 1-3 下载 Python 2.7.x 安装包

下载完成后，运行安装包（以 pkg 为后缀的文件），根据提示一直单击"继续"按钮，中间可能需要输入计算机用户密码。安装完成后，会看到如图 1-4 所示的界面。

图 1-4 安装 Python 成功

现在你应该已经在计算机中安装了 Python。如果你对 Python 3.x 不感兴趣，后面附加的内容可以选择跳过（之后我们也不会使用到 Python 3.x）。如果你想安装多个版本的 Python，建议你使用一个名叫 pyenv 的软件。

在终端输入如下命令来安装 pyenv：`brew install pyenv`

安装完成后，我们需要修改 Python 的路径系统配置文件，在终端输入如下命令：`vim ~/.bash_profile`

在打开的文件末尾添加如下文本：`eval "$(pyenv init -)"`

保存文件，并使用如下命令刷新配置文件：`source .bash_profile`

之后可以使用如下命令查看可以安装的 Python 版本：

`pyenv install --list`

在终端输出的版本列表中，只显示版本号的输出项为官方版本。我们可以使用如下命令再来安装一个 3.x 版本的 Python：

`pyenv install 3.6.4`

安装完成后，使用如下命令可以查看你当前所安装的所有 Python 版本：

`pyenv versions`

终端输出效果如图 1-5 所示。其中，一个是系统自带的版本；另一个是我们刚刚安装的 Python 3.6.4。

```
192:~ jaki$ pyenv versions
* system (set by /Users/jaki/.pyenv/version)
  3.6.4
```

图 1-5 查看当前所安装的 Python 版本

版本号前面的符号"*"表示当前使用的 Python 版本。使用以下指令可以切换当前使用的 Python 版本：

`pyenv global 3.6.4`

之后将 Python 3.6.4 作为默认版本，在终端输入 Python 可以看到版本信息，如图 1-6 所示。

```
192:~ jaki$ python
Python 3.6.4 (default, Apr 30 2018, 20:32:30)
[GCC 4.2.1 Compatible Apple LLVM 9.1.0 (clang-902.0.39.1)] on darwin
Type "help", "copyright", "credits" or "license" for more information.
>>>
```

图 1-6 切换 Python 版本

不过建议你将 Python 的版本修改为 2.7.x，因为后面我们将使用这个版本进行讲解。

帮你解惑

前面我们使用了一个叫 vim 的工具，这是 Mac OS X 自带的文本编辑器。打开后，输入"i"将进入编辑模式，之后可以在文件中输入文本，当输入结束后，按 Esc 键结束编辑模式，之后使用 shift+；组合键进入命令模式，输入 wq 后按回车键即可保存。

1、2、3 在 Linux 操作系统上安装 Python

关于 Linux，许多开源团队都基于它打造了免费开源的桌面系统。其中，Ubuntu（乌班图）是非常优秀的一种。想体验 Linux 操作系统的读者可以免费下载和安装这个操作系统，可以从官方网站获取 Ubuntu 的相关信息和资源进行下载（郑重提醒：操作系统的安装和普通软件不同，如果没有经验，建议不要尝试）。

同样，在 Ubuntu 中提供了一个应用程序——终端。打开终端程序，如图 1-7 所示。

在其中输入 python，如果出现 Python 的版本信息，并且进入 Python 交互环境，就说明当前系统已经安装了 Python，如图 1-8 所示。

```
huishao@ubuntu: ~
huishao@ubuntu:~$ python
Python 2.7.12 (default, Dec  4 2017, 14:50:18)
[GCC 5.4.0 20160609] on linux2
Type "help", "copyright", "credits" or "license" for more information.
>>>
```

图 1-7 打开 Ubuntu 中的终端应用程序　　　　图 1-8 Python 版本信息

如果你的 Ubuntu 系统中没有安装 Python，使用如下命令进行安装：

```
sudo apt-get install python
```

这之后可能会需要你输入用户名和密码。

同样，在 Ubuntu 系统中，如果需要管理多个版本的 Python，也可以使用 pyenv 工具，实现在终端输入如下命令安装 curl 工具：

```
sudo apt-get install curl
```

还需要使用如下命令安装 git 版本工具：

```
sudo apt-get install git
```

之后运行如下命令进行 pyenv 的下载安装：

```
curl -L https://raw.githubusercontent.com/yyuu/pyenvinstaller/
master/bin/pyenv-installer | bash
```

我们还需要配置环境变量，使用下面的命令编辑配置文件：

```
vim ~/.bash_profile
```

需要注意，如果在执行此命令时没有成功，就需要安装 vim 工具：

```
sudo apt-get install vim
```

在打开的配置文件中输入如下文本：

```
export PATH="~/.pyenv/bin:$PATH"
 eval "$(pyenv init -)"
 eval "$(pyenv virtualenv-init -)"
```

别忘了使用如下命令刷新配置：

```
source ~/.bash_profile
```

下面我们就可以使用 pyenv 来管理 Python 版本了。例如，我们再安装一个 Python 3.6.5，使用如下命令：

```
pyenv install 3.6.5
```

使用如下命令进行 Python 版本的切换：

```
pyenv global 3.6.5
```

1.2.4 在 Windows 操作系统上安装 Python

与 Mac OS X 和 Linux 操作系统不同的是，Windows 操作系统一般不会预装 Python。单击"开始"按钮，在搜索框中搜索 cmd，打开 Windows 的命令提示符窗口，在其中输入 python，按回车键，如果输出如图 1-9 所示的内容，就表明当前系统还没有安装 Python。

图 1-9 当前系统没有安装 Python 的提示

打开 Python 官网（https://www.python.org/），依次单击 Downloads → Windows → Python 2.7.15 进行下载，如图 1-10 所示。

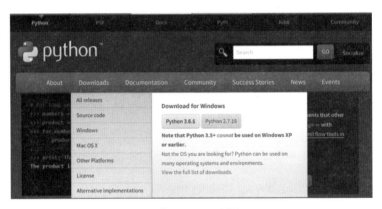

图 1-10 下载 Windows 版的 Python

下载完成之后，直接运行下载的文件安装即可。在安装过程中有一点需要注意，在进行安装配置时，一定要将 Add python. exe to Path 选中，否则安装完成后计算机将找不到 Python 在哪里，如图 1-11 所示。

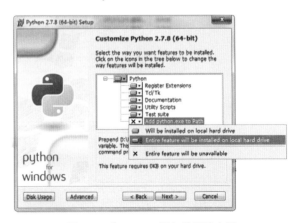

图 1-11 将 Python 添加进环境变量

其他不需要修改任何配置，一直单击"继续"按钮即可。安装完成后，效果如图 1-12 所示。单击 Finish 按钮完成安装即可。

重启命令提示符窗口，在其中输入 python，能够输出如图 1-13 所示的 Python 版本信息并且进入 Python 交互环境，说明安装配置成功。

图 1-12 安装 Python 完成

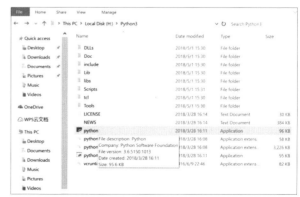

图 1-13 安装配置 Python 成功

在 Windows 上使用 pyenv 进行 Python 多版本的管理并不方便，是不是说明我们没有办法在 Windows 上安装多个 Python 版本并进行切换呢？当然不是，可以通过手动配置不同的环境变量来切换要使用的 Python 版本。

比如，你可以到 Python 官网将 Python 3.6.5 版本也下载下来，安装的过程和上面一致。有一点需要注意，不要选择 Add python.exe to Path，也不要和前面的 Python 2.7.15 安装到同一个目录下，你可以在任意喜欢的地方新建一个目录，例如作者就在计算机的 H 盘下新建了一个名为 Python3 的目录，并将它作为 Python 3.6.5 的安装目录。

安装完成后，在 Python3 目录下可以看到其中有一个名为 python 的文件，如图 1-14 所示。

图 1-14 Python 3.6.5 所在的安装目录

将这个文件重命名为 python3。之后，我们手动配置环境变量，在桌面上右击"此电脑"图标，选择"属性"，在弹出的窗口中单击"高级系统设置（Advanced system settings）"，如图 1-15 所示。

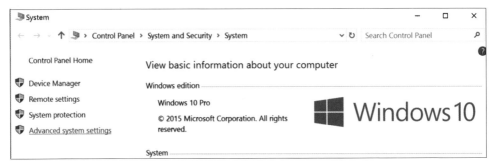

图 1-15 高级系统设置

在弹出的窗口中单击"环境变量（Environment Variables...）"按钮，如图 1-16 所示。

在弹出的环境变量窗口中找到 Path，双击进入，如图 1-17 所示。

图 1-16 单击"环境变量"按钮   图 1-17 设置环境变量

在环境变量的末尾追加如下文本：

```
;H:\Python3
```

注意，前面的分号用来作为分隔符，不要漏掉，后面的 H:\Python3 是作者 Python 3.6.5 所在的安装目录，你需要修改为自己的安装目录。配置完成后，重启命令提示符窗口，在其中输入 python3，可以看到进入的是 Python 3.6.5 的交互环境，如果输入 python，进入的就是 Python 2.7.15 的交互环境。

帮你解惑

　　如果你使用的是 Windows 10 操作系统，可能找不到"我的电脑"，没关系，在开始图标处右击，在弹出的菜单中单击"系统"选项，依然可以进入如图 1-15 所示的窗口。

1.3 另一种游乐园——集成开发环境

　　通过 1.2 节的学习，相信你无论使用的是什么操作系统，一定安装好了 Python。其实，当你在终端或者命令提示符窗口输入 python 后，就已经进入 Python 交互环境了，也就是说，你已经可以在终端或命令提示符窗口输入 Python 命令了。后面我们将统一采用 Mac OS X 系统来做演示，在 Linux 和 Windows 系统上的操作过程基本一致。

1.3.1 认识集成开发环境

　　许多编程"大牛"在编程时都会说自己在"玩"。不错，可以说编程是一种有创造性的智力游戏。既然是游戏，我们就要有一个良好的游戏环境。集成开发环境（Integrated Development Environment，IDE）就是这样一个游乐园。

　　集成开发环境其实也是一种应用程序，只是它是用于提供程序开发环境的应用程序，一般包括编辑器、编译器、调试器和图形用户界面等工具。说它是集成环境，是因为它集编写、编译、运行、分析、调试于一体。当然，只是编写代码，一张纸和一支笔就可以完成，但是若想快速编写、便捷运行、方便调试，则集成工具必不可少。

　　安装 Python 时会打包安装一个名叫 IDLE 的集成开发环境。打开终端，在其中输入 idle 后按回车键，之后会弹出一个 Python Shell 窗口，可以在其中输入 Python 指令，如图 1-18 所示。

```
*Python 2.7.14 Shell*
Python 2.7.14 (v2.7.14:84471935ed, Sep 16 2017, 12:01:12)
[GCC 4.2.1 (Apple Inc. build 5666) (dot 3)] on darwin
Type "copyright", "credits" or "license()" for more information.
>>> WARNING: The version of Tcl/Tk (8.5.9) in use may be unstable.
Visit http://www.python.org/download/mac/tcltk/ for current information.
```

图 1-18 IDLE 集成开发环境

可以在 Python Shell 窗口中直接编写代码，也可以将代码写入文件，然后在这个集成环境中运行和调试。

1.3.2 关于 PyCharm 集成环境

IDLE 是 Python 自带的一个集成环境，非常简单朴素。如果你喜欢更加复杂和专业的环境，PyCharm 是一个不错的选择。PyCharm 带有一整套可以帮助开发者在使用 Python 语言开发时提高其效率的工具，包括语法高亮、调试、代码跳转、智能提示、自动补全、单元测试、版本控制等。

可以在 PyCharm 官网（http://www.jetbrains.com/pycharm/）获取 PyCharm 集成环境。

打开网站后，单击其中的 DOWNLOAD NOW 按钮，如图 1-19 所示。

图 1-19 PyCharm 官网

之后会跳转到选择平台和版本界面。PyCharm 支持 Mac OS、Windows 和 Linux 系统，并且分为两个版本，一个是专业版，此版本拥有完整的功能，针对的用户是专业的 Web 开发者，这个版本需要收费，但是可以试用；另一个是社区版，这个版本是一个轻量级的 Python 集成开发环境，针对的用户是学生和研究室，完全免费，如图 1-20 所示。

图 1-20 选择 PyCharm 平台和版本

下载安装完成后，打开 PyCharm 工具，你会看到如图 1-21 所示的欢迎界面。这个界面上有 3 个按钮可选，作用分别是"创建一个新的工程""打开一个已经存在的工程""从版本管理工具检出工程"。

图 1-21 PyCharm 工具的欢迎界面

在本书前半部分的语法学习中，我们基本上不会使用到 PyCharm 集成环境，使用 IDLE 更加快速便捷。本书后半部分的实战教学中，我们会使用 PyCharm 代替 IDLE 作为主要的开发环境，到时会具体介绍这个工具的使用方法，现在做好准备工作即可。

下面我们真正通过 Python 向编程世界问好。

1.4 做一个自我介绍——认识指令

指令其实就是代码，运行代码就是向计算机下达命令。从本节开始，我们要开始编写代码，使用 Python 来与计算机交流。

1.4.1 "Hello World"程序

几乎所有学习编程的朋友都是从"Hello World"程序进入这个有趣的世界的。所以，很多程序员都有"Hello World"情结。在众多编程语言中，使用 Python 编写的"Hello World"程序几乎是最简单的，只有一句代码，你没看错，的确只有一句。

首先使用终端打开 IDLE 集成环境，在 Python Shell 窗口中输入如下代码：

```
print "Hello World!"
```

按回车键，可以看到在 Python Shell 中输出了运行结果，如图 1-22 所示。

```
>>> print "Hello World!"
Hello World!
>>> |
```

图 1-22 "Hello World"程序

你是不是有些失望，大名鼎鼎的"Hello World"就这样结束了？先别着急，下面一点点解释代码的含义。首先，你会看到在 Python Shell 里面显示的文本是五颜六色的，这其实就是我们前面说的集成环境的代码高亮功能。代码高亮是指在代码中不同作用的词汇显示不同的颜色，这可以帮助我们识别代码中不同字段的功能区别，也可以缓解视觉疲劳。例如，图 1-22 中显示橙色的"print"是 Python 2.7.x 中的一个指令，它的作用是输出内容，后面绿色的"Hello World!"是一个字符串。顾名思义，字符串就是一串字符组成的集合，在 Python 中，使用双引号来创建字符串。第二行还有蓝色的"Hello World!"，这一行是上面一行代码的运行结果。在集成环境中，">>>"符号后面用来编写指令，按回车键后，这行指令就会被执行，执行的结果会在下一行输出。"Hello World!"程序的作用就是输出字符串"Hello World!"，这是你向编程世界发出的第一句问候。

1.4.2 程序出现异常

如果你运行自己的"Hello World!"程序没有得到预期的效果，那么恭喜你，你比别人多了一个解决错误的机会。在学习编程的过程中，遇到错误甚至比一切正常更加重要，只有在解决错误的过程中才能不断进步。例如，你可能遇到如图 1-23 所示的错误。

从图 1-23 中可以看到，Python 并没有十分听话地输出 "hello world!"，而是输出了一行红字 "SyntaxError:invalid syntax"，这种情况表明你的代码有问题，Syntax 的英文意思是语法，invalid 的英文意思是无效，即说明出现了无效的语法错误。仔细检查一下，原来是我们的 "hello world!" 忘记带双引号。你一定还记得，前面我们说过，在 Python 中，只有被双引号或单引号包括的内容才会被认为是字符串。当然，你也可能遇到如图 1-24 所示的错误。

```
>>> print hello world!
SyntaxError: invalid syntax
```

图 1-23　语法错误提示

```
>>> prind "hello world!"
SyntaxError: invalid syntax
```

图 1-24　语法错误提示

这次出错的原因是我们粗心地将 print 写成了 prind，在 Python 中并没有 prind 这个命令，所以出现语法错误。

帮你解惑

程序出错是再平常不过的事情，许多经验丰富的工程师有时也会犯一些低级错误。不要害怕出错，它不会对你的计算机造成任何伤害。

学习编程实际上也是学习一种学习方法，提高自己解决问题的能力非常重要。互联网是编程的产物，反过来，通过互联网你可以查询到几乎所有需要的资料。在学习过程中有任何问题，你都可以使用搜索引擎来查询资料，出现了错误，你也可以将它放入搜索引擎中，可能有很多人遇到过和你一样的问题并且顺利解决了。

1.5　温习小学数学——使用 Python 进行运算

计算机最初的设计目的是帮助人们进行计算。人脑的优势在于逻辑思维，若让计算机处理复杂的人际逻辑，截至目前，计算机还做不到。但是计算机在运算速度上超越人脑很多个数量级（这里不包括人类中的极少数天才）。对于大量重复的计算，计算机十分在行。下面使用 Python 帮助我们做一些小学数学题。

1.5.1 数字之间的加、减、乘、除运算

加、减、乘、除是基础的四则运算，也是我们开始学习数学时接触的基础运算。在 Python 中使用符号"+"进行相加运算。例如，在 IDLE 集成环境中输入 5+5 之后按回车键，效果如图 1-25 所示。

```
>>> 5+5
10
>>>
```

图 1-25 Python 中的加法运算

可以看到，Python 十分轻松地帮我们计算出了结果 10。在 Python 中使用符号"-"进行减法运算，如图 1-26 所示。

```
>>> 20-10
10
>>> |
```

图 1-26 Python 中的减法运算

在 Python 中使用符号"*"进行乘法运算，如图 1-27 所示。

```
>>> 2*5
10
>>>
```

图 1-27 Python 中的乘法运算

在 Python 中使用符号"/"进行除法运算，如图 1-28 所示。

```
>>> 20/4
5
>>> |
```

图 1-28 Python 中的除法运算

当然，你也可以像使用计算器那样让 Python 做复合的四则运算，如图 1-29 所示。

```
>>> 2+8*5-10/2
37
>>> |
```

图 1-29 Python 中的四则运算

你是不是有些疑惑，为什么运算的结果不是 20，而是 37 呢？别忘了，在数学运算中是有运算法则的，最熟悉的口号就是"先乘除，后加减"。在 Python 中也是这样，整体的运算顺序是从左向右，但是如果有乘除运算，就会优先于加减运算进行计算。

帮你解惑 其实，在 Python 中也可以使用小括号来强制提高加减运算的优先级，除了基础的四则运算外，Python 中还提供了丰富的数学运算方法，后面的章节会详细介绍。

1.5.2 浮点数的运算

浮点数，你可能第一次听说这个名词，它还有一个容易理解的同义词"小数"。在计算机中，处理小数点位置有两种方式，一种是定点；另一种是浮点。所谓定点，就是在计算机存储小数时，小数点永远在固定的位置上。要知道，计算机中数据的存储都是采用二进制，后面会详细解释有关二进制的知识。所谓浮点，即小

数点的位置可以浮动，这样设计的优势是增加灵活性，在二进制位数一定的情况下，浮点数表示的范围更宽，精度更准。

在 Python 中，整数和小数虽然都是数值，数据类型却不同。使用 type() 函数可以获取某个数据的类型，如图 1-30 所示。

```
>>> type(4)
<type 'int'>
>>> type(4.5)
<type 'float'>
```

图 1-30 获取数据的类型

从图 1-30 可以看到，分别对数据 4 和 4.5 进行类型获取，一个获取了 int 类型，另一个获取了 float 类型，int 表示的是整型数据，float 表示的是浮点型数据。在 Python 中，当整型数据与浮点型数据进行运算时，结果会被转换成浮点型数据，如图 1-31 所示。

```
>>> type(4+4.5)
<type 'float'>
```

图 1-31 整型数据与浮点型数据混合运算

截至目前，浮点型数据和整型数据除了类型不同外，并没有其他差异。下面我们来看一些 Python 中的奇葩现象。在集成环境中计算 0.1+0.2 的值，效果如图 1-32 所示。

```
>>> 0.1+0.2
0.30000000000000004
```

图 1-32 浮点数运算结果

有些惊讶吧，0.1+0.2 这么简单的问题，计算机竟然计算"错了"。其实计算机没有计算错，而是二进制惹的祸。上面使用的无论是整数还是小数，其实都是十进制的，十进制小数并不一定都能转换成精确的二进制小数。例如，0.1 转换成二进制后是一个无限循环的小数，计算机只能尽最大努力去保存它，这是一个近似的值，当计算完成再转换十进制时，就会出现如图 1-32 所示的情况。

其实，你不需要太纠结浮点数，在实际的应用中一般只需要确定 7 位精确小数位即可。

1.5.3 字符串的运算

数值的运算很好理解，在 Python 中，字符串也是可以进行运算的。使用符号"+"可以将字符串进行拼接，如图 1-33 所示。

字符串间运算

```
>>> "Hello"+"World"
'HelloWorld'
```

图 1-33 字符串的拼接

在字符串运算中，"加"操作通常被称为字符串的拼接。但是需要注意，正如不是所有的词汇都有反义词，也不是所有的运算都有逆运算。在 Python 中，字符串之间只能使用"+"进行拼接运算，不能使用"-"进行运算，如图 1-34 所示。

```
>>> "HelloWorld"-"Hello"

Traceback (most recent call last):
  File "<pyshell#3>", line 1, in <module>
    "HelloWorld"-"Hello"
TypeError: unsupported operand type(s) for -: 'str' and 'str'
```

图 1-34 字符串之间不能使用"-"运算

帮你解惑　如图 1-34 所示，在这里又看到了一个新的错误类型"unsupported operand type(s) for - : 'str'and 'str'"。这个错误的意思是不支持在字符串与字符串之间进行"-"操作。

在数学中，乘法是加法的一种延伸，在 Python 中也是这样，你可以使用"*"运算符将一个字符串重复多次，如图 1-35 所示。

```
>>> "Hello"*3
'HelloHelloHello'
```

图 1-35 字符串的"*"运算

同样，"/"除法运算在字符串间也是不适用的。

字符串可以直接进行加法和乘法运算是 Python 语言的一大特点。在 Python 社区，最流行的口号莫过于"人生苦短，我学 Python"，其想表达的就是 Python 这种简单、快速的特点。

1.6 计算机这个"笨"盒子——关于二进制运算

本节的标题是"计算机这个'笨'盒子"，其实这并不为过。要知道，连小学生都可以熟练运用的十进制运算在计算机中却是比登天还难。在计算机中，所有的数值都要转换成二进制数之后再进行运算。本节将介绍关于二进制的相关知识，以便更好地理解计算机的工作原理。

帮你解惑

计算机中存储数据的原理是根据电子元件的不同状态表示不同的数值。由于电子元件的高电平和低电平两种状态差异最易实现，因此二进制在计算机数据存储中有着得天独厚的优势。

1.6.1 了解进制

进制，换句话说就是数学上逢几进一的计数规则。在生活中我们常用的是十进制，它的计数规则是逢十进一。例如，买东西的时候 10 个一分组成一角，10 个一角组成一元，10 个一元组成 10 元，10 个 10 元组成 100 元。实际上，除了十进制外，二进制、八进制和十六进制也是十分常用的进制规则。

在二进制中，只有 0 和 1 两种数值，例如十进制数 3 表示成二进制就是 11。八进制中有 0 ～ 7 七种数值。十六进制中除了 0 ～ 9 十个数值外，还包括 A、B、C、D、E、F 六个字母。

掌握进制转换的方法是十分必要的，将十进制转换成二进制通常采用"除二取余法"，这种方法的核心是将十进制数除以 2，将其余数取出，将商继续进行"除二取余法"，直到商为 0，之后将所有取出的余数逆序排列，即为当前十进制数的二进制形式。下面演示将十进制数 89 转换成二进制数的过程。

开始：89÷2=44······1

继续：44÷2=22······0

继续：22÷2=11······0

继续：11÷2=5······1

继续：5÷2=2······1

继续：2÷2=1······0

继续：1÷2=0······1

逆序结果：1011001

将二进制数转换成十进制形式则简单得多，使用"按权展开求和"即可。即从右往左，第1位乘以2的0次方，第2位乘以2的1次方，以此类推。例如二进制数 $1011001=1\times2^0+0\times2^1+0\times2^2+1\times2^3+1\times2^4+0\times2^5+1\times2^6=89$。

至于八进制和十六进制与十进制的转换，可以通过二进制来做中转。首先，八进制数和十六进制数转换成十进制也是采用"按权展开求和"，例如八进制数 $71=1\times8^0+7\times8^1=57$，十六进制数 $2A=10\times16^0+2\times16^1=42$。十进制数要转换成八进制数，可以先将其转换成二进制形式，例如十进制数57可以转换成二进制数111001，再将二进制数111001从右到左每3位聚合成一位八进制数，即71，所以十进制数57的八进制形式为71。同样，对于十进制数42，首先将其转换成二进制数101010，再将其按从右到左的顺序每4位聚合成一位十六进制数，即2A。

关于进制转换，本节只需要理解不同进制的含义与联系即可，这对后面的学习有很大的帮助。

帮你解惑 互联网上有许多进制转换工具，例如下面的网站：

http://tool.oschina.net/hexconvert。

你只需要配置需要进行转换的进制模式即可。在编程中，并不是所有的工作都需要自己手动做，要学会使用工具。

1.6.2 在 Python 中表示各种进制的数值

通过1.6.1小节，你已经学习了进制的相关知识。在 Python 中，可以通过给数值添加前缀来表明其所采用的进制。除了十进制外，在编程中常用的还有二进制、八进制和十六进制。

在 Python 中，默认采用十进制数值，就像我们前面进行的简单运算，都是以十进制为基础的，在数值前面加前缀0b用来描述二进制数值，如图1-36所示。

在数值前面加前缀0用来描述八进制数值，如图1-37所示。

```
>>> 0b111
7
```

图 1-36 在 Python 中使用二进制数

```
>>> 071
57
```

图 1-37 在 Python 中使用八进制数

需要额外注意，无论是在数学中还是某些编程语言中，数值前面的 0 通常都是可有可无的，在 Python 中要格外小心，前缀 0 会被解析成八进制数值。

在数值前面加前缀 0x 用来描述十六进制数值，如图 1-38 所示。

```
>>> 0xa1
161
```

图 1-38 在 Python 中使用十六进制数

Python 还为我们提供了几个方便的方法，可以直接将十进制数值转换为二进制、八进制或十六进制的形式，只是转换结果为字符串类型。示例代码如下：

```
>>> bin(7) # 将十进制转换成二进制
'0b111'
>>> oct(7) # 将十进制转换成八进制
'07'
>>> hex(21) # 将十进制转换成十六进制
'0x15'
```

帮你解惑 你可能看到了，上面"#"号后面有一些内容，但是并不妨碍代码的执行，这部分内容在编程中被称为"注释"。关于注释后面会专门介绍。

1.7 这个朋友有些"怪"——Python 中的编码规范

在生活中，每一个人都有自己的兴趣爱好，也有自己的性格脾气。在编程语言的世界中也是这样。每一种编程语言都有自己的特点，也有自己的一些独特规则。

1.7.1 Python 中的编码规范

需要注意，我们这里所说的是编码规范，并不是语法规则。编码规范定义的只是一种编码的习惯，也就是说，不遵守编码规范并不会产生程序运行上的错误，但是会给阅读代码的人或者其他编程伙伴带来困扰。就像我们在生活中总是遵循

"靠右走"的习惯，在 Python 中也有许多类似这样的规范，掌握这些规范可以提高编写代码的效率，减少错误，并且可以让你的代码看上去清爽专业，为你赢得赞许。

（1）尽量控制每一行代码的长度，不要超过 80 个字符。

（2）尽量减少使用小括号，Python 是一种非常简洁的语言，括号会使其显得臃肿。

（3）用 4 个空格来缩进代码。Python 中使用缩进来分区代码块，4 个空格的缩进是公认推荐的。

（4）对模块、公开的函数等要有精准的注释。编写注释是一个合格开发者的优良品德，注释可以为别人和自己减少很多麻烦。

（5）在文件使用完毕后，一定要记得关闭它。

（6）导入的模块应该放在文件顶部。

（7）每条语句应该单独占据一行。

1.7.2 关于 Python 中的注释

扫码"看视频

Python 中的注释

注释是编程中很重要的一部分，有无注释并不会影响程序的运行，代码是给计算机看的，而注释是给人看的。注释的作用是用来描述某段代码的作用，比如可以用来标明代码的编写者、编写时间、功能及使用方法。

在 Python 中编写注释有两种方式，第 1 种方式是使用符号"#"进行单行注释，例如：

```
print "Hello World" #out put hello world string
```

上面代码"#"后面的部分并不会被输出。

第 2 种方式可以进行多行注释，使用 3 对单引号或 3 对双引号来进行多行注释，示例如下：

```
'''
hello
thank you used this module
'''
"""
```

```
hello
thank you used this module
"""
print "Hello World"
```

需要注意，无论是使用 3 对单引号还是使用 3 对双引号，都可以进行多行注释，但是不可以单双引号混用。

帮你解惑

你可能发现了，如果在注释中使用中文字符，就会出现乱码问题，这是因为在 Python 2.7.x 中，使用中文需要标明编码格式，示例如下：

```
#coding=utf-8
print "Hello World" # 如果使用中文，就需要标明编码格式
```

第2章

Python 与你分享的这些神秘工具

如果 Python 只是用来在控制台打印 "Hello World" 和计算简单的小学数学题，那么我们这趟旅程也太无趣了。本章将与你一起走进 Python 更精彩的部分。Python 是一门有趣的语言，主要是因为它有许多有趣的东西。在你不了解这些东西时，可能会觉得它们太神秘了，不过不要担心，只要开动脑筋思考，它们很容易被理解。一旦你掌握了它们，神秘就变成了神奇，你可以应用它们解决更加复杂与实际的问题，并且它们是你以后做更有趣的事情的基础。

帮你解惑　本章将比较系统地讲解 Python 中的各种数据类型与面向过程编程的知识，数据类型和面向过程听起来很"吓人"，其实没有那么复杂，你只需要像玩电子游戏时学习使用游戏道具一样来学习它们就行了。

2.1 百变宝盒——理解 Python 中的变量

回忆一下，当你玩冒险闯关游戏时，人物主角一般都会穿戴各种装备。比如鞋子会增加人物的敏捷度，武器可以增加人物的攻击力，衣服、裤子可以增加人物的防御力，等等。并且，这类游戏有趣的地方在于，人物的装备并不是一成不变的，随着升级、打怪，你可以不断更新装备，这也是此类游戏的有趣之处。不知你有没有想过，游戏中的人物是怎么进行装备更换的？其实，这都是变量的功劳。

2.1.1 理解变量

变量通常被解释为存储数据的符号，但在 Python 中，我们将其理解为"门牌号"更加合适一些。在生活中，我们需要根据门牌号来找到对应的人家，在 Python 中我们使用门牌号来找到对应的数据。

打开 IDLE 集成环境，单击工具栏的 File 菜单，新建一个 Python 文件，如图 2-1 所示。

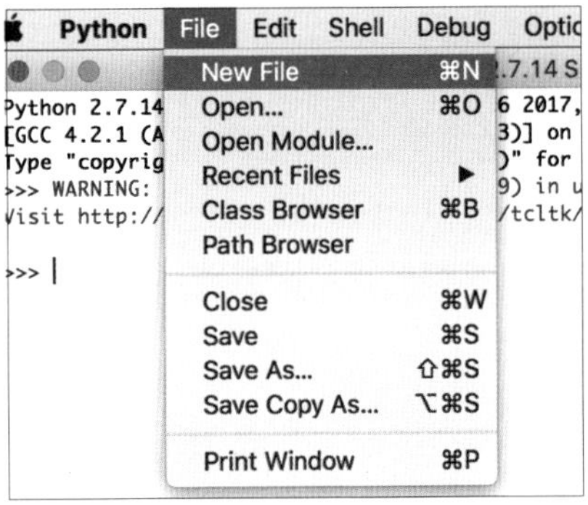

图 2-1 新建文件

之后会弹出一个编辑窗口，我们可以将代码写在这个编辑窗口中，之后再运行，这样就不需要像命令一样一行一行地运行代码了。在其中编写如下代码：

```
a='Hello'
b='World'
c=a+b
print c
```

使用 Command+S 进行保存，之后按 F5 键运行此文件模块，效果如图 2-2 所示。

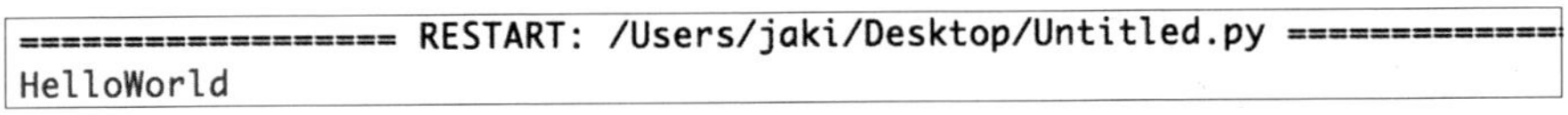

```
================== RESTART: /Users/jaki/Desktop/Untitled.py ==============
HelloWorld
```

图 2-2 运行效果

上面的代码中，a、b、c 都是我们所说的变量。在计算机中，每生成一块数据都要占据一定的内存空间，也可以理解为这些内存空间就是数据的家。使用变量这个门牌号，我们可以轻松地访问所需要的数据。例如上面的代码，"Hello"数据存放的内存门牌号就是 a，"World"数据存放的内存门牌号就是 b。之后，我们在使用 a 的时候，实际上就会访问数据"Hello"，使用 b 的时候是一样的道理。上面的代码中，我们最后将 a 和 b 变量存放的字符串进行拼接，并给新得到的字符串数据分配了门牌号 c。

现在你对变量是不是有了更形象的理解？在 Python 中变量是没有类型的，但是变量指向的数据是有类型的。例如，上面的代码中，a、b、c 变量存放的数据都是字符串类型的。变量无类型，也就是说，你可以先把一个变量当作字符串数据的门牌，后把它换成数值数据的门牌，这样做都没有问题，例如：

```
a='Hello'
a = 10
c = a+10
print c
```

2.1.2 变量的命名规则

命名是一件小事，却是一件十分重要的事，良好的命名习惯可以让你编写程序的效率更高。不同的编程语言通常有不同的命名规则，在介绍 Python 变量的命名规则之前，我们先来认识在编程领域中几种流行的变量命名法。

1. 匈牙利命名法

匈牙利命名法是一种比较烦琐的命名规范，其遵循：变量名 = 属性 + 类型 + 对象描述。举例来说，在一个教务系统中，如果你要创建一个变量用来引用某位老师的名字，用匈牙利命名法可以如下定义变量：

```
m_sz_name = "teacherA"
```

其中，m 表示变量的属性，即这是一个成员变量；sz 表示变量的类型，即字符串类型的；name 用来描述变量表达的是"姓名"。这种命名方式可以十分直观地了解变量的很多信息。但是对于匈牙利命名法，持反对意见的人很多，认为这种烦琐的命名并没有减少开发者太多疑惑，而且像 Python 这种无变量类型的语言，这种命名法更加不合适了。

2. 驼峰命名法

顾名思义，驼峰命名法指使用单词首字母大写或下画线将变量名进行分割，例如用来引用教师名称的变量可以如下命名：

```
TeacherName = "Jaki"
teacher_name = "Jaki"
```

驼峰命名法是常用的一种命名规则，其核心在于表明变量的意义，这也是编程中对开发者来说最重要的一点。这种语义明确的命名方式可以极大地提高我们阅读代码的速度，也可以帮助理解代码的含义。驼峰命名法之所以有两种方式，是由于某些语言是大小写不敏感的（也就是说不区分大小写字母），因此需要使用下画线来进行单词分割。

3. 帕斯卡命名法（Pascal）

帕斯卡命名法是驼峰命名法的一种变种，其也被称为小驼峰命名法，即变量的首字母小写，之后按照驼峰的规则单词首字母大写，例如：

```
teacherName = "Jaki"
```

在 Python 中，我们通常采用下画线驼峰法进行变量的命名，使用首字母大写的驼峰法进行类的命名（暂时你不用纠结什么是类，后面会学习）。但是有一点需要注意，并不是所有的变量都是公开的。在 Python 中，我们也可以声明一些私有的变量，私有变量在命名时通常使用下画线开头，例如：

```
#coding:utf-8
teacher_name = "珲少"     # 公开变量
_teacher_age = "27"       # 私有变量
print teacher_name,teacher_age
```

帮你解惑

　　这里说的公开、私有也是类中的概念。你可以把类简单地理解为一个黑盒子，盒子中放了许多糖果，并且这个黑盒子配对有一个糖果选择遥控，遥控上为你提供了几种糖果，当你选择某一种时，黑盒子就会弹出这种糖果给你，这个遥控上展示的糖果类型就是公开的；当然黑盒子中有可能不仅有这些糖果，里面可能还有其他的东西，但是你通过遥控没有办法将它们取出来，这些东西就是私有的。

2.2　各种小符号——Python 中的基本运算符

在第 1 章中，我们已经认识了 Python 中的四则运算符号，其实 Python 中还提供了许多高级的运算符，概括为如下几类。

- 算数运算符
- 比较运算符
- 赋值运算符
- 逻辑运算符
- 位运算符
- 成员运算符
- 身份运算符
- 符号运算符

看到 Python 中的这八大类运算符，你是不是略微有一些吃惊，不要被它们看上去"高大上"的名字吓到，它们的使命都是帮助我们进行某种运算或操作的，学会使用它们并不难。下面我们一起关注一下 Python 中的这些有趣的小符号。

2.2.1 算数运算符

算数运算符用来进行简单的数学运算。第 1 章中，我们简单地使用了四则运算符，这里复习一下。打开 IDLE 集成环境，新建一个 Python 文件，将其命名为 operation.py，在其中编写如下代码：

扫码看视频

算数运算符

```
#coding:utf-8
a = 1
b = 2
c = a + b  #加法运算，将得到结果 3
print c
c = a - b  #减法运算，将得到结果 -1
print c
c = a * b  #乘法运算，将得到结果 2
print c
c = a/b     #除法运算，将得到结果 0
print c
```

在上面的运算中，最后一次除法运算有些奇怪，你一定想问 1 除以 2 的结果不应该是 0.5 吗，为什么 Python 计算出了 0，这也错得太离谱了。其实这是有原因的，我们知道在计算机中数值的存储分为整数和浮点数，在 Python 中，当整数与整数进行运算时，计算的结果只允许为整数，所有小数部分都要被省略掉，因此上面的除法算出了结果 0；如果进行运算的两个数任意一个为浮点数，则计算的结果为浮点数。例如，可以将代码修改如下来得到精确的除法运算结果：

```
c = a/float(b)    #除法运算，将得到结果 0.5
```

帮你解惑

float() 是 Python 中内置的函数，其作用是将整数或字符串转换成浮点数。

除了四则运算符外，还有 3 个十分重要的算数运算符，它们分别是取模运算符"%"、取整运算符"//"和幂运算符"**"。

取模运算也叫取余运算。其作用是计算除法运算后的余数，例如下面的代码：

```
a = 9
b = 2
c = a%b # 取模运算, 将得到结果 1
print c
```

取整运算与取模运算相对应，其作用是取除法运算的整数部分。需要注意，如果在整型数之间进行取整运算，其结果和直接进行除法运算一致。因此，取整运算通常用在浮点数之间，代码如下：

```
#coding:utf-8
a = 9
b = 2
c = a/b # 将得到结果 4
print c
c = a//b # 将得到结果 4
print c
a = 9.0
b = 2.0
c = a/b # 将得到浮点数结果 4.5
print c
c = a//b # 将得到浮点数结果 4.0
print c
```

幂运算符用来进行数学上的幂运算。幂运算是一种比乘法运算更复杂的数学运算。幂运算其实也是乘法运算，其实质是乘法运算的一种简写。例如，你可以用下面的表达式来计算 6 个 7 相乘的运算：

```
d = 7*7*7*7*7*7 # 计算 6 个 7 相乘
print d # 结果等于 117649
```

使用幂运算符就简单许多。下面的表达式也是计算 6 个 7 相乘：

```
d = 7**6
print d # 结果等于 117649
```

我们也可以将上面的幂运算读作 7 的 6 次方。

帮你解惑

　　　　对于幂运算符左右两边的操作数，在数学上，左边的叫作底数，右边的叫作指数。你可能听过一个概念"指数爆炸"，在幂运算中，指数略微增大都会极大地增大最终的运算结果。

2、2、2 比较运算符

比较运算符的作用是对两个操作数进行比较。就像在生活中，父母总是会拿你的成绩与"别人家的孩子"进行比较，然后得出你没有别人努力的结论。在 Python 中常用的比较运算符有 7 种：

扫码看视频

比较运算符

- 等于比较 "=="
- 不等于比较 "!="
- 不等于比较 "<>"
- 大于比较 ">"
- 小于比较 "<"
- 大于等于比较 ">="
- 小于等于比较 "<="

首先，对于所有的比较运算符，其运算结果都将返回一个布尔值。关于布尔类型的更多内容，后面会专门介绍。这里只需要明白，布尔类型只有两种值，一种是 True；另一种是 False。True 表示真，对于比较运算，则表示此次比较是成立的；False 表示假，对于比较运算，则表示此次比较是不成立的。示例代码如下：

```
#coding:utf-8
a = 5
b = 5
print a==b # 等于比较，打印 True
print a!=b #False
a = 6
b = 5
print a==b #False
print a>b  # 比较成立，True
print a<b  # 比较不成立，False
print a<>b #True
print a>=b #True
print a<=b #False
```

帮你解惑

在 Python 2.x 版本中，"!=" 和 "<>" 都是不等于运算符。其作用完全一样，在 Python 3.x 中只能使用 "!=" 进行不等运算。

Python 中的字符串也可以进行比较，对于字符串类型的操作数在进行比较时，会将字符串拆成逐个字符进行比较，每一个字符实际上都对应一个字符码。你也可以简单地理解，我们所使用的字符排列在一个有序的字符表中，靠前的字符码小，靠后的字符码大。例如，字符"a"的字符码小于字符"z"的字符码：

```
a = 'a'
b = 'z'
print a<b          #True
```

如果是字符串的比较，就会从左向右依次对字符进行比较，如果当前字符比较结果为相等，就会取下一个字符进行比较，直到比较出不相等的字符，将比较结果返回，如果比较完所有字符都相等，则字符串的比较结果为相等。示例代码如下：

```
a = 'Hello'
b = 'Hello'
print a==b         #True
a = 'Hellp'
b = 'Hello'
print a>b          #True
```

帮你解惑　其实，在 Python 中任何值都可以进行比较，Python 是一门完全面向对象的语言，随着学习的深入我们会慢慢理解和深入面向对象的内容。但是需要注意，不同类型的值之间进行比较往往是无意义的，就好像你用小明的体重与小王的身高进行比较，在数学上虽然可以进行，但是这种比较没有任何实际的意义。

2.2.3　赋值运算符

我们前面讲过，在 Python 中，变量好似门牌号，对变量进行赋值就好比将变量这个门牌号贴在对应的门户上。我们前面一直使用的"="就是基础的赋值运算符，也叫作简单赋值运算符。我们前面学习了 7 种算术运算符，每个算术运算符又可以和简单赋值运算符进行复合变成复合赋值运算符。复合赋值运算符有如下 7 种：

赋值运算符

- 加法赋值运算符"+="
- 减法赋值运算符"-="
- 乘法赋值运算符"*="
- 除法赋值运算符"/="
- 取模赋值运算符"%="
- 幂赋值运算符"**="
- 取整赋值运算符"//="

这些复合赋值运算符十分容易理解，其作用是将当前变量指向的值与运算数进行相应的算数运算后，再将结果赋值给当前变量，示例代码如下：

```
#coding:utf-8
a = 5        #将 a 简单赋值为 5
a += 5       # 和 a = a+5 的作用完全一致,将结果 10 重新赋值给变量 a
print a
a -= 5       # 和 a = a-5 的作用完全一致
print a
a*=2         # 和 a = a*2 的作用完全一致
print a
a/=2         # 和 a = a/2 的作用完全一致
print a
a%=2         # 和 a = a%2 的作用完全一致
print a
a**=2        # 和 a=a**2 的作用完全一致
print a
a//=2        # 和 a=a//2 的作用完全一致
print a
```

帮你解惑

　　如果你是编程初学者,请额外注意,"=="才是等于运算符,"="是赋值运算符,千万不要混淆这两个运算符的用法。

2.2.4 逻辑运算符

扫码看视频

逻辑运算符

　　布尔值也称为逻辑值,Python 中的逻辑运算符有 3 种:

- 逻辑与运算 "and"
- 逻辑或运算 "or"
- 逻辑非运算 "not"

逻辑运算符的作用是对布尔值之间进行运算。对于逻辑与运算,左右两边的操作数都为布尔值真时,运算的结果才为真,两个操作数中有一个操作数为假时,运算结果则为假。这就好比一个门上有两把锁,只有两把锁都匹配正确的钥匙才能打开这道门,有一把钥匙不对门就无法打开。

　　对于逻辑或运算,左右两边的操作数有一个为布尔真时,运算结果则为真,两个操作数都为假时,运算结果才为假。这就好比一个门上有一把锁,我们有两把钥匙,只要有一把钥匙与锁匹配,门就可以打开。

逻辑非运算也可以理解为逻辑取反运算，对真值进行逻辑取反运算将得到结果假，对假值进行逻辑取反运算将得到结果真。

使用代码描述上面的逻辑运算规则如下：

```
#coding:utf-8
a = True
b = True
print a and b   # 逻辑与运算，结果为 True
a = False
print a and b   # 结果为 False
print a or b    # 逻辑或运算，结果为 True
b =False
print a or b    # 结果为 False
a = not a
print a         # 逻辑非运算，结果为 True
a = not a
print a         # 结果为 False
```

需要注意，逻辑运算符虽然是用来对布尔值进行运算的，但在 Python 中，对非布尔值进行运算也不会报错。由此可见，Python 语言有着十分强的灵活性。对数值进行逻辑运算，数值 0 会被当作逻辑值假处理，非 0 数值会被当作逻辑值真处理；对字符串进行逻辑运算，长度为 0 的字符串会被当作逻辑值假处理，长度非 0 的字符串会被当作逻辑值真处理，例如：

```
a = 1
b = 0
print not a     #False
print not b     #True
a = "hello"
b = ""
print not a     #False
print not b     #True
```

在实际使用中，我们要尽量减少对非布尔值的逻辑运算，避免出现意料之外的结果。

帮你解惑　在许多编程语言中，逻辑与运算使用符号"&&"，逻辑或运算使用符号"||"，逻辑非运算使用符号"!"。Python 则直接使用更易读的"and""or""not"。相信这种见文知意的设计方式更易于你学习理解。

2.2.5 位运算符

位运算符和计算机存储数据的原理相关。我们知道，在计算机中数据都是以二进制的方式存储的，位运算也是针对二进制数的一种运算。二进制的数值中只有 0 和 1 两种数字。Python 中支持的位运算符有如下 6 种：

位运算符

- 按位与运算符 "&"
- 按位或运算符 "|"
- 按位异或运算符 "^"
- 按位取反运算符 "~"
- 按位左移运算符 "<<"
- 按位右移运算符 ">>"

按位与运算是将两个二进制数的每一位数字进行与运算，若两个数字都为 1，则此位的运算结果为 1；若两个数字有一个为 0，则此位的运算结果为 0。示例如下：

```
#coding:utf-8
a = 0b11    #3
b = 0b01    #1
print a & b  #运算后，结果为二进制数 0b01，为十
进制数 1
```

按位或运算是将两个二进制数每一位数字进行或运算，若两个数字中有一个数字为 1，则此位的运算结果为 1；若两个数字都为 0，则此位的运算结果为 0。示例如下：

```
a = 0b100   #4
b = 0b010   #2
print a | b   #运算后，结果为二进制数 0b110，为十进制数 6
```

按位与运算和或运算与逻辑与运算和或运算有着相似之处，按位异或则是位运算中独特的一种运算符，其将两个二进制数每一位数字进行运算时，若两个数字不相同，则此位的运算结果为 1，若两个数字相同，则此位的运算结果为 0。示例如下：

```
a = 0b1000   #8
b = 0b1110   #14
```

```
    c = a ^ b       #进行异或运算时，左数第一位都为1，结果为0；右数第一位都为0，
结果为0；中间两位不相同，结果为1
    print c         #结果为二进制数 0b0110，为十进制数 6
```

按位取反运算符只有一个操作数，其作用是对当前操作数的每一位进行取反运算，若此位数字为1，则运算结果为0；若此位数字为0，则运算结果为1。例如：

```
    a = 0b1101      #13
    print ~a        #结果为 0b1111 0010，十进制数 -14
```

运算结果和你想象的很不一样吧？其实对于按位取反运算，我们前面忽略的两个知识点非常重要。

- 知识点 1：在 Python 中，整型数值是由 32 位或 64 位二进制位定义的，也就是说，虽然我们定义了二进制数 0b1101，实际上这个数值前面的空位都使用 0 进行了填充，因此在按位取反运算时，前面的空位实际都变成了 1。
- 知识点 2：Python 中所有的数值创建时默认都是有符号的，假设存储一个数值需要 32 位，我们能够操作的实际上只有 31 位，左数第一位作为符号位，符号位为 0 表示这个数值是正数，符号位为 1 表示这个数值是负数。对于正数，存储在内存中的二进制数很好理解，将此正数的二进制形式放入内存，其余位补零即可。

但是对于负数，其在内存中存储的是二进制补码。计算补码的步骤如下：

（1）确定该数的绝对值的二进制形式。
（2）对此二进制码求反码（按位取反）。
（3）在反码的基础上加 1。

根据上面的规则，以十进制数 -8 为例，其绝对值的二进制形式为 0…01000，对其求反码为 1…10111，在其基础上再加 1 得到 1…11000，即十进制数 -8 实际存在内存中的数据如下所示：

```
    1    1    ……    ……    1    1    1    0    0    0
```

额外说一点，计算机中为什么要采用补码的方式来存储数据呢？对于有符号数，左数第一位表示的是符号，那么如果直接进行二进制形式的存储，难免会出现这样一种情况：0 可以表示为正数 0 和负数 0，这有悖现实规律。因此，人们采用补码的方式使现实的数值与计算机内存中存储的二进制数据一一对应，正数的补码是其本身，负数的补码是其反码加 1。经过这样的计算后，无论是正数 0 还是负数 0，在计算机内存中存储的都是全 0 码，做到了统一。

理解了计算机中的二进制数存储原理，我们再来看上面的按位取反运算。0b1101 按位取反后结果为 1……0010，此时左数第一位为 1，这个数值已经变成了负数，因此按照负数的存储规则，此时计算机存储的二进制码会被作为补码处理，逆运算其原码，首先减 1，结果为 1……0001，之后进行按位取反运算，结果为 0……1110，其对应的十进制为 14，添加负号，最终结果为 -14。

按位左移与按位右移运算符直接将二进制数值的每一位数字进行左移或右移，空出的位补 0。示例如下：

```
a = 0b0001        #1
print a<<1        # 结果为 0b0010，十进制数 2
a = 0b1001        #9
print a>>1        # 结果为 0b0100，十进制 4
```

有一点需要注意，按位左移和按位右移运算符并不会影响符号位。

2.2.6 成员运算符

成员是针对组织或集体而言的，例如你是 3 年级 2 班的学生，你就是 3 年级 2 班这个班级集体的一个成员。在 Python 中有许多集合结构，例如字符串就是字符的集合，还有更加复杂的列表、元组等。成员运算符的作用是判断某一个元素是否在某一个集合中。Python 中的成员运算符有如下两种：

- 包含运算符 "in"
- 非包含运算符 "not in"

成员运算符的运算结果将返回布尔值。对于"in"运算符，如果在指定的序列中找到元素，就会返回布尔值 True；如果在指定的序列中找不到元素，就会返回布尔值 False。示例代码如下：

```
#coding:utf-8
list = [1,2,3,4,5]
a = 1
string = 'hello'
b = 'o'
```

```
print a in list          # 列表 list 中包含 a，运算结果为 True
print b in list          # 列表 list 中不包含 b，运算结果为 False
print b in string        # 字符串 string 中包含 b，运算结果为 True
```

对于"not in"运算符，其使用的规则与"in"运算符刚好相反，如果在指定的序列中找不到元素，就会返回布尔值 True；如果在指定的序列中可以找到元素，就会返回布尔值 False。示例代码如下：

```
#coding:utf-8
list = [1,2,3,4,5]
a = 1
string = 'hello'
b = 'o'
print a not in list      # 列表 list 中包含 a，运算结果为 False
print b not in list      # 列表 list 中不包含 b，运算结果为 True
print b not in string    # 字符串 string 中包含 b，运算结果为 False
```

帮你解惑

　　在许多编程语言中都没有成员运算符，开发者想要知道元素是否在某个序列中，通常要用遍历的方式来完成。Python 中提供的成员运算符极大地方便了开发者。

2.2.7 身份运算符

　　每一个成年人都有自己的身份证，无论是考学、购房、购车，还是旅行、乘车、办卡都需要使用身份证。每一个身份证都有独一无二的身份证号，通过身份证号就可以确定某一个具体的人。

　　我们知道，在 Python 中所有的数据都是对象，这些对象都存储在某一块内存空间中，通过变量这个门牌号，我们可以获取这些数据对象。其实每一个对象都有自己独一无二的"身份证号"，我们可以使用 id() 函数来获取它，例如：

```
#coding:utf-8
print id("Hello")        # 将输出一串数字，每次运行都不同
print id(1)              # 将输出一串数字，每次运行都不同
```

身份运算符的作用是判断两个变量所引用的数据对象是不是同一个，也可以理解为比较两个变量指向的数据 id 值是否相同。

Python 中的身份运算符有如下两种：

- 同身份运算符"is"
- 非同身份运算符"is not"

对于同身份运算符"is"，当两个变量指向的是同一个对象时，将返回结果 True，否则返回结果 False。示例代码如下：

```
a = 1
b = a
print a is b        #True
a = []
b = []
print a is b        #False
```

需要注意，上面代码中的中括号是 Python 中的列表对象，后面我们会介绍它；上面代码中的变量 a 和变量 b 都指向一个空的列表对象，但是这是两个不同的对象，使用"is"运算符进行运算将得到结果 False。

对于非同身份运算符"is not"，其用法和"is"刚好相反，当两个变量所引用的数据对象不是同一个时，运算结果为 True，否则为 False。示例如下：

```
a = 1
b = a
print a is not b     #False
a = []
b = []
print a is not b     #True
```

帮你解惑

你可能发现了一个有趣的现象，对于两个相同的列表对象，其身份通常是独立的，但是对于数值和字符串类型的对象，相同的值其身份通常也是相同的，例如：

```
a = 1
b = 1
print id(a)
print id(b)
print a is b       #True
a = "Hello"
b = 'Hello'
print id(a)
print id(b)
print a is b       #True
```

这是由于在 Python 中，字符串和数值都进行了内存优化，因此对于相同的值，系统并不会开辟新的空间存储。

2、2、8 符号运算符

符号运算符实际上就是我们数学中常用的正号与负号，正号运算符使用符号 "+" 表示，负号运算符使用符号 "-" 表示。需要注意，虽然正、负号运算符与加减法运算符的写法一致，意义却不同，并且正负号运算符只有一个操作数，运算符放在操作数的前面，而加减法运算符有两个操作数。

对数值使用正号运算符不会改变数值的符号，即正数依然是正数，负数依然是负数；对数值使用负号运算符会改变数值的符号，即正数会变成负数，负数会变成正数。

2、2、9 运算符的优先级

运算符的优先级决定了运算的顺序。就像四则运算中，我们会先进行加减运算，再进行乘除运算。在 Python 中，乘除运算符的优先级比加减运算符高。实际上，Python 中每一个运算符都有一个明确的优先级。表 2-1 从高到低列出了运算符的优先级排序。

表2-1 运算符优先级

运 算 符	描 述
**	幂运算符，优先级最高
~、+、-	按位取反、正负号运算符
*、/、%、//	乘法、除法、取模、取整运算符
+、-	加法、减法运算符
>>、<<	按位右移、按位左移运算符
&	按位与运算符
^、|	按位异或、按位或运算符
<=、>=、<、>	小于等于、大于等于、小于、大于
<>、==、!=	不等于、等于运算符
=、%=、/=、//=、+=、-=、*=、**=	赋值与复合赋值运算符
is、is not	身份运算符
in、not in	成员运算符
not、or、and	逻辑运算符

表 2-1 列出的运算符优先级表实际上我们不需要特别记忆，将它作为一个工具表，在需要的时候查看即可。更推荐你使用另一种方式来控制 Python 运算的顺

序，那就是使用小括号，小括号是万能的，它可以强制让 Python 先运算小括号内
的表达式，例如：

```
a = (1+1)*3
print a       # 结果为 6
```

2.3 有趣的数字——关于 Python 中的数值类型

前面我们对 Python 中的数值类型有了简单的了解，但只是皮毛。本节将深入
学习数值类型。在 Python 中，数值类型实际上分为 4 种，分别说明如下。

（1）整型数据：用来描述正整数和负整数。

（2）长整型数据：用来描述非常大与非常小的整数。

（3）浮点型数据：用来描述带有小数的数据。

（4）复数：用来描述由实部和虚部构成的复数。

2.3.1 数值的创建与互相转换

在编写程序时，关于数值我们最常使用的
是整型与浮点型数值，在 Python 中提供了 type()
函数用来获取对象的类型，例如：

```
#coding:utf-8
a = 100
print type(a)   # 将打印 <type 'int'>
a = 3.14
print type(a)   # 将打印 <type 'float'>
```

如果使用非常大的数值，Python 就会自动
使用长整型，例如：

```
a = 2**63
print type(a)   # 将打印 <type 'long'>
```

在数学中，复数是比实数更大的集合，其由实数和虚数组成。数学上习惯
将复数表示为 a+bi（a 和 b 均为实数），其中 a 为实部，b 为虚部，i 为虚数单位
（i*i=-1）。在 Python 中，这里的 i 用 j 表示，例如：

```
a = 0+1j
print a*a       # 结果为 -1
```

需要注意，对于复数的创建，虚数单位前面的实数必须填写，否则解释器会将 j 解析为变量名而不是虚数单位。复数在 Python 中的类型使用 complex 表示，例如：

```
a = 1.2+3.4j
print type(a)      # 将打印 <type 'complex'>
```

帮你解惑　　复数是高中数学中的一个知识点，如果你实在无法理解，也不是什么大不了的事，这和我们之后的编程学习没有什么关系，Python 的有趣之处还有很多，有些枯燥的内容可以忽略。

我们在创建数值时，Python 已经帮助我们确定了具体的类型，但是我们可以通过一些函数转换数值的类型。你还记得吗？我们在最初认识除法运算时，直接对两个整型数据进行除法运算，得到的结果永远是整数，整型间的除法运算实际上是做取整运算。若要获取精确的除法运算结果，则需要将两个整型数据中的一个转换成浮点型数据进行运算。Python 提供了下面几种方法用来进行数值类型的转换。

- int()：将数据转换成整型数据。
- long()：将数据转换成长整型数据。
- float()：将数据转换成浮点数。

使用 int() 方法可以将字符或者其他数值类型的数据转换成整形数据。在这个方法中，我们可以直接将要转换的数据传入，例如：

```
a=3.14
print int(a)      # 结果为 3
```

在将字符串转换成整型数据时，可以对其设置一个指定的进制，例如：

```
print int("11",2)      # 结果为 3
```

int() 方法中第 2 个参数的取值范围为 2 ～ 36。

long() 方法的用法和 int() 方法完全一致。

float() 方法用来将一个字符串或其他类型的数值转换成浮点类型，例如：

```
a = 3
print float(a)          # 将打印 3.0
print float("3.14")     #3.14
```

其实，无论是 int、float 还是 long，在 Python 中都是一个类。我们上面使用的 int()、float() 和 long() 方法实质上是这些类的构造方法，等我们学习到类的相关章节，你就会豁然开朗。

扫码看视频
数值运算相关内置函数

2.3.2 与数值运算相关的常用内置函数

学习 Python 的人都知道 Python 中的一句名言："Python 是自带电池的"。所谓自带电池，实际上是指 Python 拥有大量的内置函数、有用模块等。在使用 Python 进行编程时，不用重复编写许多工具，大部分需要的功能都有现成的函数或库供你使用。就像你买了 Python 这辆玩具汽车，它自己已经配备了电池，可以直接跑起来。

关于数值的操作与运算，Python 中自带了表 2-2 中的 5 个内置函数。

表2-2 Python自带的内置函数

函 数 名	参 数	意 义
abs()	一个数值类型的参数	计算传入参数的绝对值
max()	可以传入一个序列对象或多个参数	计算传入参数中的最大值
min()	可以传入一个序列对象或多个参数	计算传入参数中的最小值
pow()	可以传入两个参数a、b或者3个参数a、b、c，如果只传入两个参数，就计算a的b次方；如果传入3个参数，就计算a的b次方，再对c取余	进行乘方取余运算
round()	可以传入一个数值参数或两个数值参数，对第一个参数进行四舍五入，第二个参数决定精确到小数点第几位	进行四舍五入计算

表 2-2 中的函数示例代码如下：

```
#coding:utf-8
print abs(-5)                    # 计算绝对值 5
print max(2,4,6,1,3)             # 获取最大值 6
print min(2,4,1,5,7)             # 获取最小值 1
print pow(2,3,3)                 #(2**3)%3=8%3=2
print round(3.14159267,4)        #进行四舍五入，保留4位小数，结果为3.1416
```

2.3.3 使用 math 数学模块

从本小节起,我们将尝试使用 Python 中的模块。Python 中有大量自带模块。对于数学运算来说,Python 中提供了 math 模块,里面封装了大量的常用数学函数。要使用某个模块,我们需要在 Python 文件的开头进行模块的导入,示例如下:

math 模块

```
#coding:utf-8
import math
```

import 的意思是将某个模块导入当前文件中。在当前文件中,我们可以使用 math 模块中的内容。

math 模块提供的数学方法如表 2-3 所示。

表2-3 math模块提供的数学方法

函 数 名	参 数	意 义
acos()	一个数值参数	反余弦函数
acosh()	一个数值参数	反双曲余弦函数
asin()	一个数值参数	反正弦函数
asinh()	一个数值参数	反双曲正弦函数
atan()	一个数值参数	反正切函数
atan2()	两个数值参数(x, y)	计算(x/y)的反正切函数
atanh()	一个数值参数	反双曲正切函数
ceil()	一个数值参数	计算大于传入参数的最小整数
copysign()	两个数值参数(x, y)	用y的符号和x的绝对值组成结果返回
cos()	一个数值参数	计算余弦函数
cosh()	一个数值参数	计算双曲线余弦函数
degrees()	一个数值参数	将弧度值转换为角度值
erf()	一个数值参数	误差函数
erfc()	一个数值参数	互补误差函数
exp()	一个数值参数	计算自然对数E的指数
expm1()	一个数值参数x	计算exp(x)-1的值
fabs()	一个数值参数	计算绝对值
factorial()	一个数值参数	计算阶乘
floor()	一个数值参数	计算小于传入参数的最大整数
fmod()	两个数值参数	取余运算
frexp()	一个数值参数x	返回元组(a,b),使得(2**b)*a=x

函 数 名	参　　数	意　　义
fsum()	一个序列对象参数	计算序列中的元素和
gamma()	一个数值参数	伽马函数
hypot()	两个数值参数(x, y)	计算x*x+y*y的开方，勾股定理
isinf()	一个任意类型参数	获取参数是否为无穷数
isnan()	一个任意类型参数	获取参数是否为非数值
ldexp()	两个参数(x, y)	计算x*(2**y)
lgamma()	一个数值参数	伽马函数绝对值的自然对数
log()	两个数值参数(x, y)	计算以y为底x的对数
log10()	一个数值参数	常用对数函数
log1p()	一个数值参数x	计算(x+1)的自然对数
modf()	一个数值参数x	返回元组(a,b)，a为x的小数部分，b为x的整数部分
pow()	两个数值参数(x, y)	计算x**y
radians()	一个数值参数	将角度值转换成弧度值
sinh()	一个数值参数	双曲正弦函数
sqrt()	一个数值参数	开方运算
tan()	一个数值参数	正切函数
tanh()	一个数值参数	双曲正切函数
trunk()	一个数值参数	向下取整

示例代码如下：

```
g:utf-8
#!/usr/bin/python
import math
# 方法
print math.acos(0)              # 反余弦函数
print math.acosh(2)             # 反双曲余弦函数
print math.asin(1)              # 反正弦函数
print math.asinh(2)             # 反双曲正弦函数
print math.atan(1)              # 反正切函数
print math.atan2(1,2)           # 求（1/2）的反正切函数
print math.atanh(0.3)           # 计算反双曲正切
print math.ceil(1.54)           # 计算大于传入参数的最小整数
print math.copysign(-3,10);     # 用第 2 个参数的符号作为正负符号，使用第 1
                                  个参数的绝对值作为值返回
print math.cos(1.57)            # 余弦函数
print math.cosh(1.31)           # 双曲余弦函数
print math.degrees(3.14)        # 将弧度值转为角度值
print math.erf(1)               # 误差函数
```

```
print math.erfc(1)                  # 互补误差函数
print math.exp(2)                   # 计算自然对数 E 的（参数）次方
print math.expm1(2)                 # 计算 exp(x)-1
print math.fabs(-1.32)              # 计算绝对值
print math.factorial(5)             # 阶乘函数 1*2*3*4*5
print math.floor(1.3)               # 计算小于传入参数的最大整数
print math.fmod(10,4)               # 取余运算，10%4
print math.frexp(3)      # 传入参数 x，返回元组 (a,b)，使得 (2**b)*a = x
print math.fsum([4,2,3])            # 传入一个可迭代的对象，计算其中所有数据的和
print math.gamma(2)                 # 伽马函数
print math.hypot(3,4)               # 传入两个参数 x,y，计算 x*x+y*y 的开方（勾
                                      股定理）
print math.isinf(1)                 # 判断数值是否为有限数
print math.isnan(1)                 # 判断参数是否为非数值
print math.ldexp(2,3)               # 传入两个参数 x,y，计算 x*(2**y)
print math.lgamma(3)                # 求伽马函数绝对值的自然对数
print math.log(9,3)      # 对数函数，传入参数 x,y，计算以 y 为底 x 的对数
print math.log10(100)               # 常用对数，计算以 10 为底的对数
print math.log1p(8)                 # 传入参数 x，计算 x+1 的自然对数
print math.modf(3.14)               # 返回元组 (a,b)，a 为传入参数的小数部分，
                                      b 为传入参数的整数部分
print math.pow(2,3);                # 传入参数 x,y，计算 x**y
print math.radians(180)             # 将角度值转换成弧度值
print math.sinh(1.44);              # 计算双曲正弦
print math.sqrt(9)                  # 进行开方运算
print math.tan(0)                   # 正切函数
print math.tanh(0.3)                # 双曲正切函数
print math.trunc(3.9)               # 向下取整
```

在上面的数学函数中，接触了两个新的概念：

（1）nan 数值。

（2）无穷数值。

nan 表示的是非数字，你无须纠结它到底是什么，只要对非数字的数据使用 isnan() 函数进行判断，都会返回 True；无穷值包括无穷大和无穷小。这 3 个在 Python 中比较特殊的数值我们可以使用 float() 函数创建出来，例如：

```
print float('nan')                  #not a number
a = float('inf')
print a                             # 无穷大
print -a                            # 负无穷大
```

math 模块中还提供了两个常量，分别是圆周率 pi 与自然对数 e。获取它们的示例代码如下：

```
print math.pi          # 圆周率
print math.e           # 自然对数
```

其实，math 模块只是 Python 中进行数学运算相关模块的冰山一角，Python 语言十分适合用于科学计算，这并非浪得虚名。

2.4 分清对与错——关于 Python 中的布尔类型

和数值类型比起来，布尔类型超级简单。但是布尔类型发挥的作用至关重要。程序被赋予智能、逻辑被实现实际上都是布尔值的功劳。

说到布尔类型，其只有两个值，即 True 和 False。我们通常习惯将 True 称为真（或者对），将 False 称为假（或者错），有了真与假、对与错，才有了程度的分支结构。使用 type() 函数可以检查某个值是不是布尔值类型，例如：

```
print type(True) #<type 'bool'>
```

对于布尔值的运算，我们在 2.2 节已经详细讲解过了，如果你还没有清晰的认识，建议回到 2.2 节复习一下，学习就是不断记忆与加强记忆的过程。

帮你解惑 "布尔"这个名称是为了纪念乔治布尔在符号逻辑运算中的特殊贡献。

布尔值与非布尔值间的运算规则

如果将布尔值与数值进行运算，布尔值 True 就会被当作数值 1 处理，布尔值 False 会被当作数值 0 处理，例如：

```
print 1==True      #True
print 0==False     #True
```

如果需要精准地将布尔值和数值进行区分，可以使用身份运算符：

```
print 1 is True         #False
print False is False    #True
```

可以使用 bool() 构造函数将其他类型的对象转换成布尔类型，在转换时，会遵守下面的规则：

（1）整数值 0、浮点数值 0、复数 0j 都会被转换成布尔值 False。

（2）None 会被转换成布尔值 False。

（3）布尔值 False 会被转换成布尔值 False。

（4）空序列会被转换成布尔值 False，例如空元组、空列表、空字典、空字符串。

（5）自定义类由开发者自己实现布尔逻辑。

除了上面提到的 5 种场景外，其他情况都将转换成布尔值 True，示例代码如下：

```
print bool(None)        #False
print bool(False)       #False
print bool(0+0j)        #False
print bool(0)           #False
print bool(0.0)         #False
print bool({})          #False
print bool([])          #False
print bool("")          #False
print bool(())          #False
print bool(float("inf")) #True
print bool(float('nan')) #True
print bool(-1)          #True
print bool("False")     #True
```

2.5 字符"冰糖葫芦"——关于 Python 中的字符串类型

字符串几乎是 Python 中最常用的数据类型了。在 Python 中，使用单引号或双引号来创建字符串，字符串在 Python 中常被当作一种序列，也可以理解为字符串为字符的集合。

2.5.1 对字符串进行操作

我们知道，使用加法运算符可以将两个字符串拼接起来，例如：

```
#coding:utf-8
print "Hello"+"World"
                # 将打印 "HelloWorld"
```

string 类型

使用乘法运算符可以进行字符串的复制，例如：

```
print "Hello"*3  #HelloHelloHello
```

可以通过索引来获取字符串中某个位置的字符。需要注意，在日常生活中，对于序列或集合，其中元素的索引常常从 1 开始。例如，在上体育课时，老师经常会让我们报数，第 1 个同学常常响亮地喊出"1"。在 Python 中（其实其他编程语言也一样），索引却是从 0 开始的，即字符串中的第一个字符的索引是 0，这点要切记。索引的使用方法如下：

```
print "Hello"[0]          # 获取字符串中的第 1 个元素 H
a = "Hello"
print a[3]                # 获取字符串中的第 4 个元素 l
```

我们可以使用首尾索引的方式对字符串进行截取，示例如下：

```
print "HelloWorld"[0:5]    # 截取第 1 个元素到第 5 个元素，结果为 Hello
```

需要注意，在对字符串进行截取时，包含所设置的首索引，但是不包含所设置的尾索引。

由于字符串是一种序列，因此可以使用成员运算符检查字符串中是否包含某个字符或子字符串，或者检查字符串中是否不包含某个字符或子字符串，例如：

```
print "H" in "Hello"          #True
print "Hel" in "Hello"        #True
print "Hel" not in "World"    #True
```

在 Python 中还有一类特殊的字符，我们将其称为转义字符。转义字符的主要作用是进行字符串的格式化输出或者某些特殊字符的输出（例如引号）。Python 中使用反斜杠作为转移字符的标志，可使用的转义字符如表 2-4 所示。

表2-4 可使用的转义字符

转义字符	意　义
\	续行符
\\	输出一个反斜杠 "\" 符号
\'	输出一个单引号
\"	输出一个双引号
\a	进行系统响铃
\b	退格
\000	空格
\n	换行
\v	纵向制表符
\t	横向制表符
\r	回车
\f	换页
\oxx	使用八进制码表示字符，xx表示字符的八进制码
\xxx	使用十六进制码表示字符，xx表示字符的十六进制码

需要注意，续行符只是代码上的换行，实际的输出并不会换行，这个转义字符的主要用途是将长字符串分割成多行书写，增强代码的整洁度，例如：

```
print "Hello\
World"     #打印为HelloWorld
```

下面的代码将进行换行输出：

```
'''
将输出
Hello
World
'''
print "Hello\nWorld"
```

帮你解惑　有时，你可能需要字符串按照字面意思进行输出而不进行转译，这种方式的字符串在 Python 中叫作原始字符串，通过构建字符串时在其前面标记 R(r) 来创建（大小写均可），例如：

```
print r"Hello\nWorld"
        #将输出 Hello\nWorld
```

2.5.2 格式化输出

格式化输出是字符串中十分重要的内容，我们前面使用的字符串都是静态的字符串，在实际应用中，更多会使用动态的、运行中生成的字符串。例

如，在 Python 中使用变量保存你的名字，然后让 Python 向你问好，这时我们就需要将变量的值嵌入字符串中进行格式化输出。在 Python 中定义了一系列格式化占位符，在进行输出时，这些占位符会被具体变量的值替换，例如：

格式化字符串

```
#coding:utf-8
name = "珲少"
print "Hello,%s" % name
                    # 将输出 Hello, 珲少
```

上面的代码中，%s 为字符串格式化占位符，程序运行时，这个占位符被 name 变量的值替换。

表 2-5 列出了 Python 中常用的格式化占位符。

表2-5 Python中常用的格式化占位符

符　号	描　述
%s	字符串占位符
%d	整数占位符
%o	八进制数占位符
%x	十六进制数占位符
%f	浮点数占位符

示例代码如下：

```
print "%d" % 10          #10
print "%o" % 10          # 八进制 12
print "%x" % 10          # 十六进制 a
print "%f" % 10          #10.000
```

在同一个字符串中，也可以添加多个占位符，每个占位符需要对应元组中相应位置的元素，例如：

```
print "Hello,%s%s" % ("H","E")          #Hello,HE
```

其实，关于格式化占位符，还可以指定许多参数，其完整的格式如下：

%[(变量名)][对齐选项][占位长度][.小数位长度]占位符类型

其中，中括号内的内容都是可选项。[(变量名)]模块用来指定替换的变量，这种方式指定的格式化字符串后面必须用字典来指定变量组，例如：

```
print "Hello,%(name)s%(age)d" % {"age":27,"name":"珲少"}
                                          #Hello,珲少27
```

[对齐选项]部分用来指定数值的对齐模式，可选参数如表 2-6 所示。

表2-6 [对齐选项]可选参数

对齐选项	意　义
+	正数前添加正号，负数前添加负号
-	正数前不添加符号，负数前添加负号
空格	正数前添加空格，负数前添加负号
0	正数前不添加符号，负数前添加符号，用0补充空白位

示例如下：

```
print "Hello %05.1f" %3.1415              #Hello 003.1
```

2.5.3 处理用户输入

用户输入

我们前面所写的程序都是单方向的，即程序运行起来后就与使用者无关了。实际上，大部分程序都是需要和用户进行交互的。比如你在玩游戏时需要控制游戏的主角行为，在使用电子文档写日记时需要从键盘输入文字，这些都属于用户与程序交互。本小节简单地学习怎么让 Python 接收到用户的输入。

首先打开 IDLE 集成环境，新建一个 Python 文件。在 Python 2.7.x 中，raw_input() 函数用来接收用户输入。需要注意，这个函数运行后会阻塞当前程序的运行，直到用户输入完成，示例代码如下：

```
#coding:utf-8
name = raw_input("你是谁?\n")
print "Hello "+name+"!"
```

运行程序，效果如下：

```
你是谁?
Jaki
Hello Jaki!
>>>
```

raw_input() 函数可以接收一个参数，参数会被 Python 直接输出用来提示用户输入。raw_input() 函数获取的数据为字符串类型，即便用户输入的是数值，Python 接收完成之后也会变为字符串。如果需要使用数值类型的数据，需要使用我们前面介绍的方法自行转换，例如：

```
#coding:utf-8
age = int(raw_input(" 你多大了 ?\n"))
print age," years old is too young!"
```

运行代码，效果如下：

```
你多大了 ?
12
12  years old is too young!
```

2.5.4 关于 string 模块

Python 中提供了大量与字符串相关的常用函数，它们都封装在 string 模块中，如表 2-7 所示。

表2-7 与字符串相关的常用函数

函 数 名	参 数	意 义
atof()	1个字符串类型参数	将传入的字符串参数转换为浮点数
atoi()	两个参数，第1个参数为字符串，第2个参数为整数，表示进制	将传入的字符串参数转换为整数，可以设置进制模式
atol()	两个参数，第1个参数为字符串，第2个参数为整数，表示进制	将传入的字符串参数转换为长整数，可以设置进制模式
capitalize()	1个字符串参数	将传入的字符串首字母大写
capwords()	两个参数(a,b) a为字符串类型 b为字符串类型	将传入的a参数首字母大写，b参数指定单词的判定规则

函 数 名	参 数	意 义
center()	3个参数(a,b,c) a为字符串类型 b为整数类型，表明宽度 c为字符串类型	将参数a进行居中，宽度扩展到参数b，以参数c进行左右填充
count()	4个参数(a,b,c,d) a为字符串类型 b为字符串类型 c为整数类型，标注起始位置 d为整数类型，标注结束位置	查找b在a中出现的次数，c、d参数设置查找范围
expandtabs()	两个参数(a,b) a为字符串类型 b为整数类型	将a中所有的tab转换成空格，b参数指定每个tab转换成空格的个数
find()	4个参数(a,b,c,d) a为字符串类型 b为字符串类型 c为整数类型，标注起始位置 d为整数类型，标注结束位置	查找b在a中出现的位置，c、d参数设置查找的范围，如果没有找到，就返回-1
index()	4个参数(a,b,c,d) a为字符串类型 b为字符串类型 c为整数类型，标注起始位置 d为整数类型，标注结束位置	查找b在a中出现的索引，与find()方法类似
join()	两个参数(a,b) a为列表类型 b为字符串类型	将a列表中的元素进行拼接，以b参数作为拼接符
Joinfields(	1个列表参数	将列表进行拼接，默认使用空格作为拼接符
ljust()	3个参数(a,b,c) a为字符串类型 b为整数类型 c为字符串类型	将a进行左对齐，宽度扩展为b，使用c进行空白填充
lower()	1个字符串参数	将字符串中所有的字符转换为小写
strip()	两个字符串参数(a,b)	将字符串a首尾的b字符串删除
lstrip()	两个字符串参数(a,b)	将字符串a头部的b字符串删除

函 数 名	参 数	意 义
replace()	4个参数(a,b,c,d) a为字符串类型 b为字符串类型 c为字符串类型 d为整数类型	将a中所有的b替换为c，d设置最多替换的次数
rfind()	两个字符串参数(a,b)	查找b在a中的位置，从右向左查找
rindex()	两个字符串参数	作用同rfind()
rjust()	3个参数(a,b,c) a为字符串类型 b为整数类型 c为字符串类型	将字符串a进行右对齐，设置宽度为b，用c将空白填充
split()	3个参数(a,b,c) a为字符串类型 b为字符串类型 c为整数类型	将a以b为分割符进行字符串分割，设置最多分割次数为c，将返回列表
rsplit()	3个参数(a,b,c) a为字符串类型 b为字符串类型 c为整数类型	同split，从右向左分割
rstrip()	两个字符串参数(a,b)	将a字符串结尾的b删除
splitfields	1个字符串参数	使用空格为分隔符进行字符串分割，将返回列表
swapcase()	1个字符串参数	将传入字符串的字符大写变成小写，小写变成大写
translate()	两个参数(a,b) a为字符串参数 b为字符集	将字符串进行映射，通常和maketrans()方法配合使用
maketrans()	两个字符串参数(a,b)	生成映射字符集，a,b参数的长度必须相等，a为原串，b为所映射的串
upper()	1个字符串参数	将所有字母转换成大写
zfill()	两个字符串参数(a,b) a为字符串类型 b为整数类型	将字符串宽度设置为b，开头空出的空格使用0进行填充

string 模块中还定义了一些常用的字符串常量，例如所有小写字母集合的字符串、所有大写字母集合的字符串等，如表 2-8 所示。

表2-8　string模块中常用的字符串常量

常 量 名	意 义
ascii_letters	所有ASCII字母
ascii_lowercase	所有ASCII小写字母
ascii_uppercase	所有ASCII大写字母
Digits	所有数字字符
Hexdigits	所有十六进制数字字符
Octdigits	所有八进制数字字符
Printable	所有可打印字符
Punctuation	所有标点符号
Whitespace	所有空白字符

示例代码如下：

```
#coding:utf-8
import string
name = "jaki"
print string.atof("11")      # 将传入的字符串转换成浮点数，将输出 11.0
print string.atoi("11",2)
            # 将传入的字符串转换成整数，可以设置进制，将输出 3
print string.atol("11",2)
            # 将传入的字符串转换成长整数，可以设置进制，将输出 3
print string.capitalize(name)
            # 将传入的字符串首字母进行大写，将输出 Jaki
print string.capwords("hello world"," ")
    # 将传入的参数进行首字符大写，可以设置第 2 个参数用来指定单词分隔符
print string.center("helloworld",14,"*")
    # 将传入的第 1 个参数作为中心字符串，第 2 个参数设置长度，前后使用
      第 3 个参数补齐，将输出 **helloworld**
print string.count("Hello","l",0,4)
    # 获取第 2 个字符串参数在第 1 个字符串参数中出现的次数，后两个参数
      指定检查的起止位置
print string.expandtabs("    hello",0)
    # 将传入的字符串参数中的 tab 进行替换，第 2 个参数设置替换的空格个数
print string.find("Hello","ll",0,4)
    # 查找第 2 个字符串参数在第 1 个字符串中的位置，后两个参数设置查找起止位置
print string.index("Hello","ll",0,4)
    # 查找第 2 个字符串参数在第 1 个字符串中的索引，和 find() 方法类似
print string.join(["hello","world"]," ")
    # 将列表中的字符串进行拼接，以第 2 个参数为连接符，将输出 hello world
print string.joinfields(['h','e','l','l','o'])
    # 使用空格将列表中的字符串进行拼接
```

```
print string.ljust('hello',10,'*')
       # 字符串左对齐，第 2 个参数设置宽度，若宽度不够，则使用第 3 个参数进行
         补充，将输出 hello*****
print string.lower("HelloWorld")        # 将字符串中的所有字符转换为小写
print string.strip("**hello**","*")   # 将字符串前后的指定字符删除
print string.lstrip("***hello*","*")
       # 将字符串开头的指定子串删除，将输出 hello*
print string.replace("Hello","l","t",2)
       # 使用字符串替换参数 (a,b,c,d) 将 a 中所有的 b 替换为 c，d 表明最多替换
         的次数
print string.rfind("hello",'l')     # 同 find() 函数，不同的是从右向左查找
print string.rindex('hello','l')  # 同 rfind() 函数
print string.rjust('hello',6,"*")
       # 右对齐，设置宽度，如果宽度不够，则在左侧使用第 3 个参数补齐
print string.split("hello world"," ",1)
       # 参数 (a,b,c) 将 a 以 b 为分割标志进行字符串分割，c 表明最多分割次数，
         将返回列表
print string.rsplit("hello world"," ",1)     # 同 split，从右开始分割
print string.rstrip("*hello**","*")
                            # 将字符串结尾的指定子串删除，将输出 *hello
print string.splitfields("hello world")
                              # 使用空格为分隔符对字符串进行分割
print string.swapcase("Hello")       # 进行大小写转换，将输出 hELLO
print string.translate("1234",string.maketrans("12345","abcde"))
                         #用指定的字符表转换字符
print string.upper("Hello")        # 将所有字母转换为大写，将输出 HELLO
print string.zfill("123",5)        # 在开头使用 0 补充满字符串，将输出 00123
#常用集合
print string.ascii_letters #abcdefghijklmnopqrstuvwxyzABCDEFGHIJ
KLMNOPQRSTUVWXYZ
print string.ascii_lowercase#abcdefghijklmnopqrstuvwxyz
print string.ascii_uppercase#ABCDEFGHIJKLMNOPQRSTUVWXYZ
print string.digits#0123456789
print string.hexdigits#0123456789abcdefABCDEF
print string.octdigits#01234567
print string.printable# 所有可打印字符
print string.punctuation#!"#$%&'()*+,-./:;<=>?@[\]^_`{|}~
print string.whitespace# 所有空白字符
```

2.5.5 关于 Python 中的编码

Python 2.7.x 版本默认采用 ASCII 编码，如果编写的代码中存在中文，程序就

会解析出错。因此，我们需要手动将其编码修改为 UTF-8。在 Python 文件的开头可以进行编码格式的声明。我们通常使用这样的格式来进行编码设置：

```
#coding:utf-8
```

也可以使用如下格式设置编码模式：　　　#coding=utf-8

Python 语言非常灵活，在进行编码设置的解析时会通过正则表达式的方式来对比，其中有 coding:[编码] 或者 coding=[编码] 的部分都可能成功解析。如果你使用互联网上别人写的 Python 程序来学习，就会发现他们大多采用下面的方式进行编码的设置，这是一种更加流行的格式：　　　# -*- coding:utf-8 -*-

2.6　排排队——Python 中的列表类型

列表（list）是编程中常用的一种数据结构，其用来组织一组有序的数据。这很像我们生活中的队列，我们早晨到早餐店排队买早餐，上体育课时进行排队点名，都可以理解为队列。列表是程序中的一种队列，考试系统软件会自动将学生的考试成绩进行排序，学生的成绩就可以存放在列表中。本节我们一起学习 Python 中的列表，使用列表可以更加灵活有序地组织数据，更高效地处理程序逻辑。

2.6.1　列表的创建与使用

列表是 Python 中一种独立的数据类型，我们可以使用 type() 函数对其类型进行检查，例如：

```
#coding:utf-8
print type([])   # 将输出 <type 'list'>
```

在 Python 中，列表使用中括号来创建，其中的元素以逗号进行分割，例如：

```
list1 = [1,2,3,4,5]
list2 = ["one","two","three",
"four","five"]
```

像字符串一样，我们可以通过索引来获取列表中的某个元素，列表的索引也是从 0 开始的，即 0 索引对应的是列表中的第 1 个元素，例如：

```
print list2[0] #获取列表中的第1个元素，将输出 "one"
```

可以通过起止索引对列表进行截取，例如：

```
print list2[0:2] #['one', 'two']
```

在截取时，我们甚至可以设置步长，设置步长的意义是每隔多少个元素进行截取，例如：

```
list2 = ["one","two","three","four","five"]
print list2[0:5:2]#['one', 'three', 'five']
```

需要注意，在截取时，起点的索引会被包含，截止的索引不被包含，即数学上所说的左闭右开区间。其实，我们可以只指定一个起点或一个终点，如果只设置了起点，将从此起点索引处截取到列表的最后一个元素；如果只设置了终点，将从列表的第 1 个元素截取到终点处，例如：

```
list2 = ["one","two","three","four","five"]
print list2[1:]#['two', 'three', 'four', 'five']
print list2[:3]#['one', 'two', 'three']
```

我们也可以通过索引对列表中的元素进行修改：

```
list2[0] = "Hi"
print list2[0] #Hi
```

使用 del 语句可以实现对列表元素的删除，示例如下：

```
del list2[0]
print list2  #['two', 'three', 'four', 'five']
```

帮你解惑   列表这种数据结构在大多数编程语言中都有，但是并不是所有编程语言都像 Python 这么灵活，很多都要求列表中的元素类型一致。Python 则没有这样的语法规定，在同一个列表中，我们可以存放各种各样的元素，例如：

```
list3 = [1,"s",[1,2,3],True]
```

每一个列表都有一个长度，列表的长度也可以理解为列表中元素的个数，使用 len() 函数可以获取列表长度：

```
list3 = [1,"s",[1,2,3],True]
print len(list3) #将输出 4
```

我们也可以使用加法运算符来对列表进行拼接操作,例如:

```
print [1,2] + [3,4] #[1, 2, 3, 4]
```

使用乘法运算符可以对列表中的元素进行复制,例如:

```
print [1,2] *3  #[1, 2, 1, 2, 1, 2]
```

2.6.2 Python 列表中的常用方法

Python 的 list 类中封装了许多对列表进行操作的方法,Python 中的 list 是一种可变的对象,我们可以无缝地对其进行追加、修改、删除、拼接等。常用方法如表 2-9 所示。

表2-9 常用方法

方 法 名	参 数	意 义
append()	1个任意类型元素	向列表的最后追加元素
count()	1个任意类型元素	获取参数元素在列表中出现的次数
extend()	1个序列类型的参数	将序列中的元素拼接到列表后面
index()	3个参数(a,b,c) a为任意类型,必填 b为整型,可选 c为整型,可选	获取参数a在列表中的下标,b、c参数决定搜索范围
insert()	2个参数(a,b) a为整型 b为任意类型	将参数b插入列表中下标为a的位置
pop()	1个整型参数,可选	删除列表中指定下标的元素,如果没有参数,就默认删除最后一个元素
reverse()	无	将列表进行逆序
sort()	3个参数(cmp,key,reverse)	列表排序函数

sort() 方法主要用来对列表中的元素进行排序,需要传入一个排序函数。关于函数的知识,后面会专门介绍。表 2-9 列举的方法示例代码如下:

```
#coding:utf-8
def sortfunc(x,y):
    if x>y:
        return 1
    return -1
list1 = []
list1.append('new')              # 向列表的最后追加元素
print list1.count('new')         # 统计某个元素在列表中出现的次数
list1.extend([1,2])              # 向列表的最后追加另一个列表中的所有值
print list1.index(1)             # 获取列表中某个元素的下标
list1.insert(0,"Hi")             # 向列表中某个下标处插入元素
list1.pop()
    # 默认删除列表中的最后一个元素，也可以传入一个下标来删除指定位置的元素
list1.remove(1)                  # 删除列表中的某个元素
list1.reverse()                  # 将列表进行逆序排列
list1 = [3,6,1,2,4]
list1.sort(cmp=sortfunc)         # 进行排序
print list1
```

2.6.3 关于多维列表

我们来回忆一个场景，在去电影院看电影时，我们通过电影票上的座位号来找到各自的位置。电影院座位号的格式一般为：X 排 X 号。这种方式更易于观众找到自己的位置。在编程中，这种结构的数据叫作二维列表。简单地理解，如果一维列表是数学中的一条数轴，二维列表就是数学中的平面坐标系，二维列表中的每一个元素需要 X、Y 两个坐标唯一确定。

在 Python 中，我们可以通过列表中嵌套列表的方式实现二维列表，例如：

```
list = [[11,12,13],[21,22,23],[31,32,33],[41,42,43],[51,52,53]]
```

可以通过下面的方式获取二维列表中的元素：

```
print list[2][2] #33
```

帮你解惑　　多维列表的实质是列表的嵌套。二维列表在许多游戏场景中应用广泛，例如五子棋棋盘和棋子位置的记录、俄罗斯方块游戏中方块的位置记录等。

2.7 组合拳——Python 中的元组

元组即元素的组合，在 Python 中，它是一种与列表极其相似的数据结构，也可以说它是一种简化版的列表。元组的运算方式、截取方法、部分函数与列表的用法几乎一模一样，不同的是列表是可以修改的，元组一旦定义，就不可以修改。很多开发者戏称元组是戴上了"紧箍咒"的列表。

元组的创建与使用

元组是 Python 中一种特殊的数据类型，其名字为"tuple"。使用 type() 函数获取到的类型信息如下：

```
print type(())#<type 'tuple'>
```

元组使用小括号进行创建，其中的元素使用逗号进行分割。关于这点可以和列表对比记忆，列表使用中括号进行创建，元组使用小括号进行创建。只用一对小括号可以创建空元组。但是有一点需要格外注意，如果要创建只有一个元素的元组，就必须在其中添加一个逗号，如果不添加逗号，小括号就会被当作运算符进行处理，例如：

```
print (1,)#(1,)
print type((1,))#<type 'tuple'>
print type((1)) #<type 'int'>
```

和列表一样，元组中的元素也有顺序与索引，我们可以通过索引获取元组中的元素，但是不可以对其进行修改，例如：

```
t1 = (1,2,3,4,5)
print t1[1]#2
#print t1[1] = 1，将报错
```

同样可以使用索引对元组进行截取，元组这部分的性质与列表完全一致，例如：

```
t1 = (1,2,3,4,5)
print t1[3:] #(4,5)
print t1[0:2]#(1,2)
print t1[::2]#(1,3,5)
```

通过前面的学习，我们知道 len() 函数可以获取字符串的长度和列表中元素的个数。其实 len() 函数对所有序列类型的数据都适用，元组也是一种序列，所以

len() 函数同样适用于元组。使用 len() 函数可以获取元组中元素的个数，例如：

```
t1 = (1,2,3,4,5)
print len(t1)  #5
```

元组也可以使用加法运算符和乘法运算符进行拼接和复制，示例代码如下：

```
print t1+t2  #(1, 2, 3, 4, 5, 6, 7)
print t2 * 3 #(6, 7, 6, 7, 6, 7)
```

帮你解惑　元组是不可修改的，上面介绍的拼接和复制会返回一个新的元组，原始元组数据并不会被修改。但是修改元组中元素的值、向元组中追加或删除元素是不被允许的。

元组类中内置的方法比较少，常用的方法如表 2-10 所示。

表2-10　元组中内置的方法

方 法 名	参　数	意　义
count	1个任意类型参数	获取参数在元组中出现的次数
index	3个参数(a,b,c) a为任意类型 b为整型，可选参数 c为整型，可选参数	获取参数a在元组中的索引值，参数b和参数c确定查找范围

示例代码如下：

```
t = [1,1,2,3,1,2]
print t.count(1)#3
print t.index(2,3,6)#5
```

2.8 门牌号——Python 中的字典类型

　　学习字典这种数据类型之前，可以先回忆一下生活中的字典。你一定有过查字典的经历，无论是汉语字典还是英汉大辞典，在使用的时候，我们都是先从目录处找到要查的对象，之后根据页码索引来找到具体需要的内容。Python 中的字典是一样的，字典这种数据结构由键和值两部分组成，键可以理解为索引，值可以理解为内容。更形象化一些，我们也可以把字典这种数据结构比喻成地址通讯录，在地址通讯录中，每一个门牌号对应一个地址，这是一种非常高效的组织数据的方式。

2.8.1 字典的创建与使用

字典的创建使用大括号，和列表与元组不同的是，字典中每一个元素都是由键和值两部分组成的，中间使用冒号进行分割，元素与元素之间使用逗号进行分割。取值的方式与列表和元组类似，只是不再使用索引来取值，而是使用键来取值，例如：

```
#coding:utf-8
dic = {" 小明 ":99," 小王 ":82}
print type(dic)#<type 'dict'>
print dic[" 小明 "] #99，使用键来获取字典中的值
```

上面的代码模拟学生成绩单的数据结构，学生姓名作为键，成绩作为值。

在字典中，键必须是唯一的，但并非只有字符串可以作为键，任何不可变的数据都可以作为键，比如数值、元组、字符串（列表和字典不可以作为键）。字典中的值可以是任意类型的，也可以不唯一。我们可以随意修改字典中某一个键的值，例如：

```
dic[" 小明 "] = 60
print dic[" 小明 "] #60
```

如果所修改的键在字典中不存在，字典就会自动完成新增操作，例如：

```
dic[" 拉拉 "] = 100
print dic[" 拉拉 "] #100
```

但是需要注意，如果直接访问字典中不存在的键，程序就会出错。如果需要删除字典中某个键和值，则可以使用 del 关键字，例如：

```
del dic[" 拉拉 "]
```

同样，也可以对字典使用 len() 函数来获取字典中键值对的个数，例如：

```
print len(dic)    # 输出字典中的键值对个数
```

帮你解惑

其实字典与列表和元组比起来还是有很大不同的，字典是不可以使用加法运算符和乘法运算符进行运算的，切记。

2.8.2 Python 字典中的常用方法

Python 的 dict 类中封装了操作字典的相关函数，字典也是一种可变的数据类型，我们可以十分轻松地对字典进行追加、修改、删除等操作，常用方法如表 2-11 所示。

扫码看视频

字典中的常用方法

表2-11 字典中的常用方法

方 法 名	参 数	意 义
clear()	无	清空字典
fromkeys()	两个参数(a,b) a为序列类型 b为任意类型，可选填	创建一个新的字典，使用序列a中的元素作为键，b作为初始值
get()	两个参数(a,b)	获取键a对应的值，如果键a不存在，就将b的值返回
has_key()	1个参数	检查某个键在字典中是否存在
items()	无	返回字典中所有的元素列表，列表中为键值对元组对象
keys()	无	返回字典中所有键组成的列表
values()	无	返回字典中所有值组成的列表
pop()	两个参数(a,b)	返回字典中键a对应的值，并将这对键值删除，如果a键不存在，就返回b的值
popItem()	无	删除字典中的一对键值对
setdefault()	两个参数(a,b)	获取字典中键a对应的值，如果此键不存在，就创建并赋值为b后返回b
iteritems()	无	返回字典中元素的可迭代对象
iterkeys()	无	返回字典中键的可迭代对象
itervalues()	无	返回字典中值的可迭代对象
viewitems()	无	返回字典中元素的动态快照

（续表）

方 法 名	参 数	意 义
viewkeys()	无	返回字典中键的动态快照
viewvalues()	无	返回字典中值的动态快照
update()	两种参数方式： （1）传入字典 （2）直接指定键值	将参数指定的键值对更新到字典中

表 2-11 列举的方法中，有 3 个方法会返回可迭代的对象。在这里可以不必深究，后面学习到迭代对象时就会理解它。还有 3 个方法会返回动态快照，其实这也是一种特殊的对象，被称为视图对象，这个对象是动态的，当字典发生变化时，这个对象也会动态发生变化。上面列举的方法示例代码如下：

```
dic.clear()
print dic #{}
dic = dic.fromkeys([1,2,3,4],0) #{1: 0, 2: 0, 3: 0, 4: 0}
print dic
print dic.get(6,-1)              # 如果字典中有6这个键,就返回其值,否则返回-1
print dic.has_key(1)            # 检查字典中是否有某个键
print dic.items()    # 返回字典中所有的键值对,元组列表 [(1, 0), (2, 0),
                                (3, 0), (4, 0)]
print dic.keys()                # 返回字典中所有的键列表
print dic.pop(1,-1)             # 删除字典中的某个键值对
print dic.popitem()             # 删除字典中的一对键值对
print dic.values()              # 返回字典中所有的值列表
print dic.setdefault(0,5)
                                # 获取某个键, 如果这个键不存在, 就进行赋值并获取
print dic.iteritems()           # 返回元素迭代器
print dic.iterkeys()            # 返回键迭代器
print dic.itervalues()          # 返回值迭代器
print dic.viewitems()           # 动态的元素快照
print dic.viewkeys()            # 动态的键快照 ct_keys([0, 3, 4])
dic["222"] = 3
print dic.viewkeys()            # 动态的键快照 ct_keys([0, 3, 4, '222'])
print dic.viewvalues()          # 动态的值快照
dic.update({"a":1})             #{'a': 1, 3: 0, 4: 0}
dic.update(five=5,six=6)
                # 传关键字 {'a': 1, 3: 0, 4: 0, 'five': 5, 'six': 6}
print dic
```

2.9 魔力的源泉——Python 中的基础语句

语句是编程语言的基础组成部分，是程序中最小的逻辑单元。代码就是一条或多条语句的执行。在前面的学习中，我们虽然没有过多地提到语句，但时时刻刻都在使用语句。本节我们一起认识 Python 语句的魔力源泉，认识更强大的 Python。

2.9.1 条件语句

说程序有思想可能有些夸张，但是程序有判断能力是实实在在的。计算机之所以可以处理逻辑问题，这要归功于条件语句与分支结构。所谓分支结构，是指在不同的场景下程序会执行不同的代码，实现分支结构的核心在于条件语句的应用。

下面我们编写一个简单的小程序，判断输入的学生成绩是否及格 (不小于 60 分)：

```
#coding:utf-8
num = raw_input("请输入成绩 :\n")
if int(num)>=60:
    print "恭喜你，你及格了！"
print "程序结束"
```

运行程序，输入 68，结果如下：

```
请输入成绩 :
68
恭喜你，你及格了！
程序结束
```

你可能发现了，本次的程序和我们之前所写的所有程序都不同，它的首个 print 语句没有进行左对齐。没错，你将要接触 Python 中最具魔力的地方了：缩进。

很多编程语言中都是用大括号来区分代码段的，使用大括号包裹起来的是一个整体的代码段。在 Python 中，代码段使用缩进来区分，具有相同缩进且连续的代码属于同一个代码段。例如上面的代码，第一个 print 语句进行了缩进，其属于 if 语句的代码段中，如果 if 语句对应的表达式结果为 True，就执行此代码段中的代码，否则跳过。例如，我们将学生的成绩输入为 59，效果如下：

```
请输入成绩 :
59
程序结束
```

帮你解惑：在 Python 中，虽然相同的缩进属于同一个代码段，但是缩进的长度并没有严格的规定，一般我们采用一个 Tab 键输入进行缩进或者使用 4 个空格进行缩进。但是注意不要混用，否则在不同的平台上可能会出现异常。

我们继续来看 if 语句。上面的示例代码是最简单的逻辑判断，如果条件为真，就执行某段代码；如果条件为假，就跳过。还有另一种分支结构，例如：

```
#coding:utf-8
num = raw_input(" 请输入成绩 :\n")
if int(num)>=60:
    print " 恭喜你，你及格了！ "
else:
    print " 抱歉 "
print " 程序结束 "
```

再次运行程序，输入分数 59，效果如下：

```
请输入成绩 :
59
抱歉
程序结束
```

if-else 结构由两块代码段组成，如果 if 判断的条件为真，就执行 if 后面的代码段，否则执行 else 后面的代码段。

if-else 结构还有一个变种，这种结构被称为多分支结构。例如，我们将分数的等级进行细化，代码如下：

```
#coding:utf-8
num = raw_input(" 请输入成绩 :\n")
if int(num)>=90:
    print " 恭喜你，优秀！ "
elif int(num)>=75:
    print " 恭喜你，良好！ "
elif int(num)>=60:
    print " 恭喜你，及格了。"
else:
    print " 抱歉 "
print " 程序结束 "
```

这种 if-elif-else 的结构会从上到下依次判断条件，有一个条件满足后，就会执行其对应的代码段，之后跳过后面的判断，如果所有条件都不满足，则最终会执行最后一个 else 代码段。

对于十分简单的单条件判断，我们可以通过一行代码解决，示例如下：

```
if int(num)>=60:print "good"
```

当 if 条件满足后，会执行冒号后面的代码，否则跳过。

2.9.2 循环语句

计算机的强大之处并不在于其有巧妙的计算能力，而在于其超速和超量的运算能力。在上数学课时，相信你一定遇到过老师出的这样一个问题：从 1 依次递增，累加到 100 的值是多少。一些聪明的同学会快速地说出使用等差数列计算出的答案。其实，使用公式或其他巧妙的运算技巧来使问题简单化是人类的特长，计算机是无法拥有这么高层级的智慧的。但是计算机几乎可以在一瞬间计算出这个问题的答案，它使用一步一步的循环计算来得出结果，只是每一次计算所用的时间非常少。本小节我们来学习编程中的另一个逻辑结构：循环结构。

Python 中的循环语句有两种，一种是 while 循环；另一种是 for 循环。

我们先来看 while 循环。从字面意思解释，while 表示"当……的时候"。在编程中，可以理解为当表达式满足某个条件时执行循环体的代码，不满足条件则跳出循环，如图 2-3 所示。

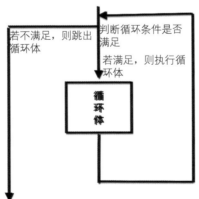

图 2-3 while 循环结构简图

下面我们使用 Python 计算从 1 依次递增，累加到 100 的值，代码如下：

```
#coding:utf-8
num = 1
count = 0
while num<=100:
    num+=1
    count+=num
print count
```

如上面的代码所示，如果 while 关键字后面的表达式结果为 True，程序就会进入循环体中执行。当循环体中的代码执行完成后，程序会返回循环结构的最初，再次判断循环条件是否成立，如果循环条件成立，就会继续执行循环体，如此循环往复，直到循环条件不再成立，则跳出循环体，继续向后执行。

while 循环语句也可以与 else 结合使用，例如：

```
#coding:utf-8
num = 1
count = 0
while num<=100:
    num+=1
    count+=num
else:
    print " 运算结束 "
print count
```

else 块的作用是当循环条件不满足时，会先执行 else 块中的代码，之后跳出整个 while-else 结构向后继续执行。

对于非常简单的循环结构，while 循环结构也是可以在一行代码中搞定的，示例如下：

```
num = 1
while num<=100:num+=1
print num #101
```

帮你解惑 一般情况下，在循环体内会修改循环条件的参数，使得循环可以在一定时间后结束，满足循环条件且参数始终不变的循环会无休止地执行循环体中的代码，这种循环也被称为无限循环。

在 Python 中，for 循环语句是比 while 循环语句更加常用的一种循环结构。我们前面学习过一些序列类型，例如列表、元组、字典、字符串等。使用 for 循环可以方便对这些序列进行遍历。示例如下：

```
# 将依次输出 1，2，3，4，5
for x in [1,2,3,4,5]:
    print x
# 将依次输出 H,e,l,l,o
for x in "Hello":
    print x
# 将依次输出 9，8，7
for x in (9,8,7):
    print x
# 将输出字典的键 1，2
for x in {1:"one",2:"two"}:
    print x
```

上面的代码中，有一点我们需要注意，使用 for 循环遍历字典时，遍历出来的是字典的键，而不是值。

for 循环结构也可以与 else 结合使用，例如：

```
for x in [1,2,3]:
    print x
else:
    print "over"
```

当 for 循环执行结束后，会执行 else 代码块中的代码。

循环语句也可以进行嵌套，即在循环语句中再次使用循环语句。以下为输出九九乘法表的示例代码：

```
i=1
while i<=9:
    j=1
    while j<=i:
        print "%d*%d=%d"%(j,i,i*j),
        j+=1
    print "\n"
    i+=1
```

运行结果如图 2-4 所示。

```
1*1=1

1*2=2 2*2=4

1*3=3 2*3=6 3*3=9

1*4=4 2*4=8 3*4=12 4*4=16

1*5=5 2*5=10 3*5=15 4*5=20 5*5=25

1*6=6 2*6=12 3*6=18 4*6=24 5*6=30 6*6=36

1*7=7 2*7=14 3*7=21 4*7=28 5*7=35 6*7=42 7*7=49

1*8=8 2*8=16 3*8=24 4*8=32 5*8=40 6*8=48 7*8=56 8*8=64

1*9=9 2*9=18 3*9=27 4*9=36 5*9=45 6*9=54 7*9=63 8*9=72 9*9=81
```

图 2-4 使用嵌套循环打印九九乘法表

2.9.3 中断语句

除了修改循环条件参数使其不满足循环条件来结束循环外，我们也可以在循环体内使用中断语句手动结束循环。Python 中的中断语句有 break 和 continue 两种。

break 语句可以直接结束当前的循环，不论是 while 循环还是 for 循环都适用，例如：

```
#coding:utf-8
i = 0
# 当 i>10 时，直接跳出循环
while True:
    print i
    i+=1
    if i>10:
        break
else:
    print "over"
# 需要注意，使用中断语句跳出的循环不会执行 else 块中的代码
print "Hello World"
```

上面的示例代码中有一点需要注意，while-else 组合中的 else 块只有当循环条件不满足时才会执行，使用中断语句结束的循环并非循环条件不满足，因此也会跳过 else 块直接执行循环外面的语句。

对于嵌套的循环结构，break 语句中断的是最近一层的循环，示例代码如下：

```
i=0
while i<10:
    j=0
    while j<10:
        print "j=%d,i=%d"%(j,i)
        j+=1
        if j==5:
            break
```

```
    i+=1
    if i==9:
        break
```

从打印信息可以看出，当 j 的值为 5 时，将跳出内层循环，但是外层循环依然继续，当 i 的值为 9 时，直接跳出外层循环。

continue 语句与 break 语句的不同之处在于，continue 语句并不会结束当前的循环，而是跳过本次循环体的执行，直接开始下一轮循环体的执行，例如：

```
# 将输出 1, 2, 3, 4, 6, 7, 8, 9, 10
i=0
while i<10:
    i+=1
    if i==5:
        continue
    print i
```

运行上面的代码，当 i 的值为 5 时，跳过本次循环，之后的 print 语句被跳过，但是当前循环依然向后继续执行。对于嵌套循环，continue 和 break 是一样的规则，都只对最近的一层循环有效。

图 2-5 和图 2-6 描述了 break 和 continue 两种终端语句在循环结构中所起的作用。

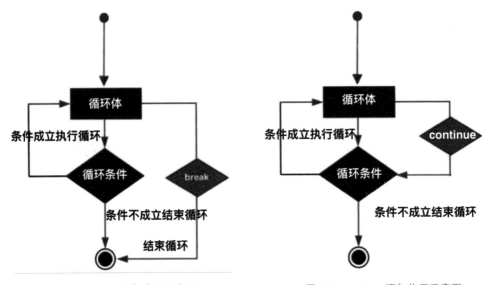

图 2-5 break 语句作用示意图 　　　　　　图 2-6 continue 语句作用示意图

2.9.4 空语句

pass 语句是 Python 中一种非常特别的语句，它是一种空语句，作用是为了保证程序结构的完整而占位。举一个简单的例子，我们在使用条件、循环以及后面将要学习的函数等结构时，都会生成一个内部代码块，如果不在这个代码块中编写任何代码，程序运行是会出错的，例如：

```
#coding:utf-8
# 程序会直接报错
while False:
print "Hello"
```

这种情况下，我们可以使用 pass 语句来对这个内部代码块进行空实现，以保证程序结构的完整性，例如：

```
while False:
    pass
print "Hello"
```

这次，程序就可以顺利运行了。

帮你解惑

Python 中的空语句可谓角色虽小，作用却大。后面你会体会到它的巧妙之处。除了本小节介绍的这些 Python 中的常用语句外，Python 中还有很多高级的语句结构，在后面的学习中会慢慢认识它们。

第3章

Python 中的积木

我们小时候应该都玩过堆积木的游戏。积木这种智力玩具不仅可以提高孩子的空间想象力，还可以锻炼动手能力。在玩堆积木时，使用各种各样的积木块不用费太大力气即可搭建出复杂漂亮的宫殿楼宇，其实这并不是因为我们有多么强的动手能力，而是积木玩具已经为我们准备好了各种各样的积木块，并且它们之间可以非常容易地组合拼装。

编程有时就像建一座房子，房子越大、越宏伟，我们就越需要使用已经生产好的建筑材料做积木。幸运的是，Python 自带了许多有用的"积木"，甚至是"积木套装"，在 Python 中，我们称之为内置函数与模块。如果这些依然不能满足你的需求，Python 社区和开发者还贡献了大量第三方模块可以直接使用。总之，Python 的世界充满了各种各样的积木，在你需要时可以任你取用。

3.1 各式各样的积木——Python 中的函数

从概念上来说，函数是一段实现具体单一功能的可重复利用的代码段。Python 自带了许多内置函数和模块，前面在学习 math 模块时就介绍了许多与数学运算相关的函数，我们也可以自定义函数。本节我们将学习 Python 中函数的使用。

3.1.1 函数的创建与调用

在 Python 中使用 def 关键字进行函数的定义，例如：

```
#coding:utf-8
def printMessage():
    " 这个函数的作用是打印信息 "
    print "Hello World!"
printMessage()#Hello World!
```

上面的代码定义了一个名为printMessage的函数，这个函数的作用是打印"Hello World"。当我们调用 printMessage 函数时程序就会直接打印出"Hello World"字符串。定义函数时，def关键字后面定义函数的名称，可以通过这个函数名来调用函数，在函数名后面有一个小括号，这里定义函数的参数列表，我们在调用函数的时候可以向函数内部传递参数。后面缩进的部分为函数体，即函数执行的代码块。

你一定注意到了，在函数体的第一行有一串字符串，这部分用来定义函数的说明文档，通常用来描述函数的作用、参数的意义等。当调用者使用这个函数时，编译器会将说明文档展示出来，如果使用 IDLE 集成环境，效果如图 3-1 所示。

图 3-1 函数的说明文档

我们也可以使用 help() 方法来获取某个函数的说明文档，例如：

```
help(printMessage)
```

执行上面的代码，打印信息如下：

```
Help on function printMessage in
                module __main__:
printMessage()
    这个函数的作用是打印信息
```

3.1.2 函数的参数

仅实现一个打印"Hello World!"字符串的函数好像没什么值得称赞的，毕竟真正使函数变得灵活起来的是函数的参数。下面我们将前面编写的 printMessage 函数修改一下，为其添加一个参数，如下面的代码所示：

```
#coding:utf-8
def printMessage(name):
    " 这个函数的作用是打印信息 "
    print "Hello "+name+"!"
printMessage(" 珲少 ")#Hello 珲少 !
```

name 参数用来传递一个字符串。在函数内部，将接收到的字符串拼接后进行输出，每次调用函数传入不同的参数，printMessage 函数将输出不同的结果。向 printMessage 函数中传入你自己的名字，接受来自 Python 的问候吧！

在 Python 中，有些类型是可变的，有些类型是不可变的。我们前面介绍过，例如列表、字典这些数据类型的数据是可变的，数值、元组、字符串这些数据类型的数据是不可变的。将可变类型的参数传入函数后，在函数内部对这个参数的修改会影响函数外部变量，例如：

```
def func(param):
    param[0] = "Zero"
    print param  #['Zero', 1, 2]
var = [0,1,2]
func(var)
print var  #['Zero', 1, 2]
```

但是，如果将不可变类型的参数传入函数，在函数内部的修改不会影响外部变量，这点要切记，例如：

```
def func2(param):
    param = "World"
    print param  #World
var = "Hello"
func2(var)
print var  #Hello
```

函数也可以定义不止一个参数，例如：

```
def func3(p1,p2,p3):
    print p1+p2+p3
func3("Hello","World","!")#HelloWorld!
```

默认情况下，函数传入参数的顺序需要和定义时的顺序保持一致。当然，你也可以通过显式指定的方式来打乱函数传入的顺序，例如：

```
func3(p2="World",p3="!",p1="Hello")#HelloWorld!
```

还有一点需要注意，函数传入参数的个数需要与函数定义时参数的个数保持一致，多传或少传参数都会在程序运行时出错。在定义函数时，如果你想使某个参数不是必需的，就可以为此参数设置一个默认值。这样，如果调用者没有传入此参数，此参数就会采用默认设定的值，例如：

```
def func4(p1,p2,p3="!"):
    print p1+p2+p3
func4("Hello","World")#HelloWorld!
func4("Hello","World","@@@")#HelloWorld@@@
```

Python 语法中规定，被设置默认值的参数必须放在参数列表中没有默认值的参数后面。

Python 中函数参数的个数可以是动态的，当函数需要根据场景传入不定个数的参数时，可以使用如下方式：

```
def func5(p1,*p2):
    print p1
    print p2
"""
将打印
Hello
('a', 'b')
"""
func5("Hello","a","b")
```

当一个函数需要接收不定个数的参数时，可以将其聚合成元组。在定义函数时，需要在参数名称前面添加"*"号，并且将此参数放在函数参数列表的最后；在调用函数时，所有多出的参数都将作为元组中的元素被传入。

3.1.3 函数的返回值

任何一个函数执行结束之后都会返回一个结果，在函数中使用 return 语句来返回。当然，如果没有显式地使用 return 语句为函数返回一个值，就默认返回 None，例如：

扫码看视频

函数的返回值

```
def func6():
    pass
print func6()  #None
```

return 语句可以返回任意类型的值作为函数的返回值，例如：

```
def func6():
    return 100
print func6()  #100
```

有一点需要注意，return 语句会提前使函数退出，也就是说，函数体内一旦执行到 return 语句，则之后的代码都将不再被执行，例如：

```
def func6():
    return 100
    print "Hello" # 这行代码永远不会执行
```

3、1、4 关于变量的作用域

在 Python 中，所有变量都有作用域。作用域也可以理解为变量的有效范围。举一个例子，我们在上学时，每个班都有一个班长，这个班长的作用域仅限于本班，如果 1 班的班长跑到 2 班去发号施令，那一定会挨揍。每个年级也会有一个年级长，年级长的作用域就要比班长大得多了，他可以在整个年级的各个班中协调与分配任务，但是其作用域同样是有限的，其他年级就不在他的权力范围内了。

Python 中的变量可以笼统地分为全局变量与局部变量。顾名思义，全局变量的作用域没有限制，无论在哪里都可以使用它，我们之前声明的变量大部分都是全局变量。局部变量则不同，其作用域有限，只能在某个范围内使用。

在定义函数的时候，函数体内部实际上会形成一个局部的作用域，在其中定义的变量属于局部变量，例如：

```
cc="World"
def func7():
    cc="Hello"
    print cc
func7() #Hello
print cc #World
```

从打印情况可以看出，函数内部的变量 cc 实际上是重新定义了一个局部变量 cc，因此这句代码并不是对全局变量 cc 重新赋值，而是新创建了一个变量。对于赋值操作，会创建新的局部变量，对于取值操作，程序首先从当前作用域中获取局部变量，若当前作用域中没有这个局部变量，则从全局作用域中获取，例如：

```
cc="World"
def func7():
    print cc
func7() #World
print cc #World
```

有一点需要注意，如果局部作用域中定义了这个变量，那么在变量被定义前都不可以使用。例如下面的函数在执行时会报错：

```
cc="World"
def func7():
    print cc
    cc="Hello"
```

有时我们需要在函数内修改外部全局变量的值，这时可以使用 global 标明要使用的全局变量，这样在函数内部就不会生成这个名称的局部变量，示例如下：

```
cc="World"
def func7():
    global cc
    cc="Hello"
    print cc


func7() #Hello
print cc #Hello
```

3.1.5 Lambda 表达式

Lambda 表达式是一种特殊的函数，其函数体中只能有一句语句。相比于函数，Lambda 表达式简便得多。下面是一个简单的 Lambda 表达式的示例。

```
fun8 = lambda param:param*2
print fun8(4)#8
```

Lambda 表达式的基本格式如下：

```
lambda p1,p1,p3…:expression
```

上面 Lambda 关键字后面的是参数列表，参数之间使用逗号进行分割。冒号后面为 Lambda 表达式的函数体，注意函数体只能有一句语句，并且此语句执行的结果会作为返回值自动返回。上面的示例代码的含义是将 Lambda 表达式赋值给 fun8 变量，之后可以使用 fun8 变量调用了 lambda 函数。

有时，我们又称呼 lambda 函数为匿名函数，我们可以巧妙地使用它来实现自执行的函数，例如：

```
print (lambda p1,p2,p3:p1+p2+p3)(1,2,3)#6
```

3.1.6 Python 常用的内置函数

Python 常常被称为自带电池的。所谓自带电池，即 Python 默认准备了许多常用的函数，在需要时，不需要自己再次编写，可以直接调用。

扫码看视频
常用的内置函数

本小节将列举 Python 中内置的常用函数，不需要专门记忆，在需要时回来查看即可，如表 3-1 所示。

表3-1 Python内置的常用函数

函 数 名	参 数	意 义
abs()	1个数值类型参数	求数值的绝对值
divmod()	两个数值类型参数(a,b)	计算a除以b的商和余数，将结果以元组的方式返回
ord()	1个字符类型参数	返回字符的ASCII码
pow()	两个数值类型参数(a,b)	计算a的b次方的值
sum()	两个参数(a,b) a为序列类型的参数 b为数值类型，可选填，默认为0	将传入的a序列元素进行累加，结果再加上b的值
cmp()	两个数值参数(a,b)	比较两个参数的大小
globals()	无	获取当前所有的全局变量
max()	任意个数值参数	获取所有参数中的最大值
min()	任意个数值参数	获取所有参数中的最小值

示例代码如下：

```
#coding:utf-8
print abs(-4)          # 求绝对值
print divmod(7,2)      # 求商和余数，结果为 (3,1)
print ord("A")         # 返回字符的 ASCII 数值，结果为 65
print pow(2,3)         # 进行次方运算，结果为 8
```

```
print sum([1,2,3],3)    # 进行求和运算，第 2 个参数为最终结果多加一次的值，
                          结果为 9
print cmp(3,5)          # 用来进行数值比较，若第 1 个参数小，则返回 -1；若相等，
                          则返回 0；若第 1 个参数大，则返回 1
print globals()         # 获取所有全局变量
print max(1,2,4,3)      # 求最大值
print min(1,4,3,2)      # 求最小值
```

3.2 Python 是个完整的世界——对象的基础知识

本节我们将正式进入 Python 面向对象编程的学习。面向对象编程是一种现代编程模式，与之对应的是面向过程编程。早先的编程语言大多采用面向过程的设计方式（例如经典的 C 语言），面向过程编程的好处是代码聚合性强、性能极高，但是随着运行软件的平台和物理设备越来越强大，软件的结构和功能越来越复杂，使用面向过程的编程方式开发大型软件几乎成为不可能的事，毕竟人生苦短，我们应该将更多的精力放在有创造性和艺术性的工作上去。面向对象的编程语言就是在这样的场景下推广开来的。

3.2.1 什么是面向对象

Python 是一种既支持面向过程开发又支持面向对象开发的语言。因此，Python 既是编写一些脚本小工具的首选语言之一，也可以完全用于开发大型系统和应用。要理解面向对象，我们就应该把程序看成是一个完整的世界。现实世界中有各种各样的事物，程序中也不例外。无论我们开发什么应用程序，都是用来处理现实世界的场景或问题的。因此，我们可以将现实世界中的事物映射到程序中去。

举一个简单的例子，大街上很多餐厅都有自助点餐和结算系统，这为我们的生活带来了极大的便利。在一个点餐系统中，首先要有完整的菜单，在程序中，我们将其称为菜单对象，还需要有顾客这样的角色，我们可以将其称为顾客对象，当然还会有餐桌、厨师、收银台等各种对象。整个系统就是在各种对象的协作交互下稳定运行的。

在面向对象编程中，万事万物几乎都是对象。对象是由属性和方法组成的。属性用来描述对象的某些性质，比如对于一个"教师"对象，会有姓名、年龄、所带班级、所教课程等属性。方法用来描述对象的行为，例如"教师"对象会执行教学动作、休息动作等。

3、2、2 对象与类的关系

基本所有面向对象语言中都有类的概念（JavaScript 除外），类是现实生活中我们对事物的组织和分类。我们将属性相近、行为相似的事物归属于相同的类。在 Python 中，类是对象的定义标准，或者理解为类是对象的模板，我们使用类来创建对象。类可以进行继承，继承也是面向对象编程中十分重要的概念。生活中的分类可以细分，比如生物类下可以分出动物和植物，人又是动物类下面一个子类别。程序中类的继承逻辑和这基本相似，子类可以继承父类的属性和行为，也可以追加一些自己的属性和行为。

通过类可以创建相应的对象，比如教师类可以创建教师对象，一个教师对象被称为这个教师类的一个实例。

扫码看视频

使用类

3、2、3 类的使用

在 Python 中，使用 class 关键字进行类的定义。如下代码定义了教师类：

```python
#coding:utf-8
class Teacher:
    """ 这是一个教师类 """
    def __init__(self, name, age, subject):
        self.name = name
        self.age = age
        self.subject = subject
    def printInfo(self):
        print self.name+" "+str(self.age)+":"+self.subject
# 实例化一个教师对象
t = Teacher("珲少 ",27,"Python")
t.printInfo() # 珲少 27:Python
```

上面的代码中有几点需要解释。首先 class 关键字后面跟着要定义的类的名称，类名称一般采用大写字母开头。之后缩进内容为当前类的类体。类体中的第一行字符串为注释，其作用和函数文档的作用类似，用来编写类的文档。我们可以获取类的 __doc__ 属性来查看类文档的内容，例如：

```
print Teacher.__doc__      # 这是一个教师类
```

类体中定义的函数被称为类的方法，方法和函数有略微的区别。定义方法时，第一个参数是类实例对象本身，我们通常将这个参数命名为 self（当然任何名称都是可以的，只是习惯使用 self）。在调用当前类的方法时，这个 self 参数不需要传，Python 会自动帮我们传入。__init__ 方法是类中的一个特殊方法，创建类的对象实例时，这个方法会被调用，并且可以定义参数用来构建类的示例。例如上面的代码，我们需要传入教师的姓名、年龄和所教学的科目来进行教师对象的构建。__init__ 方法也被称为类的构造方法，在构造方法中，我们使用"点"语法来向教师对象中添加名字、年龄和所教学科目的属性，这种属性被称为实例属性。后面我们又定义了一个 printInfo 方法，这个方法用来输出教师信息。

在创建类的实例时，我们使用类名加小括号的方式直接执行类的构造函数，构造函数中需要传入指定的参数。之后我们可以通过构造出来的这个类的实例对象操作属性和方法。通过"点"语法可以进行对象属性的获取与修改，例如：

```
# 实例化一个教师对象
t = Teacher("珲少",27,"Python")
t.printInfo() # 珲少 27:Python
print t.name # 珲少
t.subject = "JavaScript"
print t.subject #JavaScript
```

使用 del 关键字可以删除对象的某个属性，例如：

```
del t.name
pritn t.name # 报错
```

但是需要注意，del 删除对象的属性并不会影响类的其他实例，类的各个实例之间是互相独立的，例如：

```
t = Teacher("珲少",27,"Python")
t2 = Teacher("Lucy",23,"Swift")
del t.name
print t2.name #Lucy
```

最后对象使用"点"语法也可以进行方法的调用。

> 对于 self 参数，你可能有些疑惑，只需要理解 self 代表当前实例对象本身即可。

3.2.4 对象的销毁

在面向对象的程序设计中，对象的销毁与对象的创建一样重要。正如自然界中所有事物都有创生与泯灭，程序中的对象也是一样的。对象在需要使用时被创建，在不再有价值时被销毁，对象的动态创建与销毁用于保证计算机内存的合理使用。有时，我们也将对象从创建到销毁的整个过程称为对象的生命周期。__init__ 方法是一个对象生命周期的开始，与之对应，__del__ 方法是一个对象生命周期的结束。因此，__del__ 方法也被叫作析构方法，示例如下：

```python
#coding:utf-8
class Teacher:
    """ 这是一个教师类 """
    def __init__(self, name, age, subject):
        self.name = name
        self.age = age
        self.subject = subject
    def printInfo(self):
        print self.name+" "+str(self.age)+":"+self.subject
    def __del__(self):
        print " 对象被销毁 " + self.name
```

编写如下测试代码：

```python
# 实例化教师对象
t = Teacher(" 珲少 ",27,"Python")
t2 = Teacher("Lucy",23,"Swift")
def func():
    t3 = Teacher("Jaki",26,"JavaScript")
func()
print "Hello World"
```

运行代码，打印效果如下：

```
对象被销毁 Jaki
Hello World
对象被销毁 Lucy
对象被销毁 珲少
```

下面我们来分析一下上面的代码的执行逻辑，首先创建了 t 和 t2 两个全局变量，之后定义了一个函数，在函数中创建了局部变量 t3。对于局部变量来说，当变量离开作用域后，其数据也将被销毁，内存将被回收。因此，当 func 函数执行结束后，t3 变量失效，Jaki 教师对象最先被销毁。之后，执行了打印"Hello World"的语句，当程序结束之后，全局变量对象被销毁。

因此，我们可以得出下面两个结论：

（1）全局对象在程序结束后数据被销毁，内存被回收。

（2）局部变量在离开其作用域后数据被销毁，内存被回收。

帮你解惑

__del__ 析构方法常常用来进行资源的清理工作，例如某个文件操作对象在销毁前一般会将处理的文件关闭。

3.2.5 关于继承

继承是面向对象的重要特性之一。继承机制大大提高了代码的重用效率。在继承体系中，有子类和父类之分，子类默认会继承父类中的属性和方法，也可以基于父类扩展出自己的属性和方法。当然，子类也可以对父类的某些方法进行修改和重写。现实生活中的分类也有这样的继承特性，例如，交通工具类可以作为父类，

飞机、轮船、汽车可以通过继承交通工具类作为具体的子类。交通工具父类中可以定义速度、品牌、类型等通用的属性和减速、加速等方法，各个子类可以根据实际需要进行补充与修改，示例代码如下：

```python
class Transport:
    """ 交通工具类  作为父类 """
    def __init__(self,color,ty):
        self.color = color
        self.ty = ty
    def run(self):
        print self.color+self.ty+" 启动 "
    def stop(self):
        print self.color+self.ty+" 停止 "
```

```
class Car(Transport):
    """汽车 子类"""
    def __init__(self,color,ty):
        Transport.__init__(self,color,ty)
car = Car("红色","汽车")
car.run()#红色汽车启动
car.stop()#红色汽车停止
```

如上面的代码所示，汽车 Car 类从 Transport 类中继承了颜色、类型属性、启动和停止方法，Car 类的实例对象可以直接使用和调用这些属性和方法。如上面的代码所示，Car 类重写了 Transport 类的 __init__ 构造函数。需要注意，在重写父类的方法时，一般需要先调用父类的此方法，使用方式为：父类名.父类函数名(参数)。对于参数列表，其中的第一个参数 self 不可以省略。

Python 是支持多继承的编程语言之一，很多语言并不支持多继承，然而多继承在面向对象编程中有很大的优势。在现实生活中，有些事物的分类可能也不单一，比如房车既有房的特性，又有车的特性。在 Python 中，我们可以通过多继承来使某个类继承多个类的特性，示例代码如下：

```
class Home:
    def relax(self):
        print "休息"
    def run(self):
        print "运行"
class HomeCar(Home,Car):
    pass
hc = HomeCar()
hc.relax()   #休息
hc.run()     #运行
```

3、2、6 特殊方法的重写

现在我们了解了子类通过继承可以使用父类的属性和方法，子类也可以根据需要重写父类的方法。在 Python 类的体系中，有一些特殊的方法提供给开发者来复写以实现基础功能。

扫码看视频

函数的创建与使用

视频

首先是 __init__ 函数和 __del__ 函数，这两个函数分别当对象在构造时和对象在销毁时被调用。

__repr__ 函数也是一个可重写的基础函数，在 Python 中，可以使用 repr 函数获取任何对象或类的描述性字符串，例如：

```
class Student:
    """docstring for Student"""
    def __init__(self,name):
        self.name = name
stu = Student("珲少")
print repr(stu)#<__main__.Student instance at 0x1004cd4d0>
```

我们可以通过重写类中内置的 __repr__ 函数来修改 repr 函数执行的行为，例如：

```
class Student:
    """docstring for Student"""
    def __init__(self,name):
        self.name = name
        def __repr__(self):
        return "学生类"
stu = Student("珲少")
print repr(stu)#学生类
```

__str__ 函数用来控制 str 函数的行为，我们可以使用它将对象输出为可读的字符串，例如：

```
class Student:
    """docstring for Student"""
    def __init__(self,name):
        self.name = name
        def __repr__(self):
        return "学生类"
    def __str__(self):
        return self.name
stu = Student("珲少")
print repr(stu)#学生类
print str(stu)#珲少
```

__cmp__ 函数用来控制 cmp 函数的行为，使用它可以实现自定义对象的比较操作，例如：

```
class Student:
    """docstring for Student"""
```

```
        def __init__(self,name,age):
            self.name = name
            self.age = age
        def __repr__(self):
            return "学生类"
        def __str__(self):
            return self.name
        def __cmp__(self,other):
            return self.age>other.age
stu = Student("珲少",25)
stu2= Student("Lucy",23)
print repr(stu)#学生类
print str(stu)#珲少
print cmp(stu,stu2)   #1
```

除了上面列举的函数外，Python 中还有一些非常有用的可重写的函数，它们可以用来控制运算符运算的行为，让自定义的类型支持运算符运算，如表3-2所示。

表3-2 可重写的函数

名　称	参　数	意　义
__add__	(self,other)	重写加法运算符
__sub__	(self,other)	重写减法运算符
__mul__	(self,other)	重写乘法运算符
__div__	(self,other)	重写除法运算符
__floordiv__	(self,other)	重写整除运算符
__mod__	(self,other)	重写取余运算符
__pow__	(self,other)	重写幂运算符
__lshift__	(self,other)	重写按位左移运算符
__rshift__	(self,other)	重写按位右移运算符
__and__	(self,other)	重写按位与运算符
__or__	(self,other)	重写按位或运算符
__xor__	(self,other)	重写按位异或运算符
__invert__	(self)	重写按位取反运算符
__lt__	(self,other)	重写小于比较运算符
__le__	(self,other)	重写小于等于比较运算符
__eq__	(self,other)	重写等于比较运算符
__ne__	(self,other)	重写不等于比较运算符
__gt__	(self,other)	重写大于比较和运算符
__ge__	(self,other)	重写大于等于比较运算符

示例代码如下：

```python
class Student:
    """docstring for Student"""
    def __init__(self,name,age):
        self.name = name
        self.age = age
    def __repr__(self):
        return " 学生类 "
    def __str__(self):
        return self.name
    def __cmp__(self,other):
        return self.age>other.age
    def __add__(self,other):
        return Student(self.name,self.age+other.age)
    def __sub__(self,other):
        return Student(self.name,self.age-other.age)
    def __mul__(self,other):
        return Student(self.name,self.age*other.age)
    def __div__(self,other):
        return Student(self.name,self.age/other.age)
    def __floordiv__(self,other):
        return Student(self.name,self.age//other.age)
    def __mod__(self,other):
        return Student(self.name,self.age%other.age)
    def __pow__(self,other):
        return Student(self.name,self.age**other.age)
    def __lshift__(self,p):
        return " 按位左移 %d"%p
    def __rshift__(self,p):
        return " 按位右移 %d"%p
    def __and__(self,other):
        return " 按位与运算 "
    def __or__(self,other):
        return " 按位或运算 "
    def __xor__(self,other):
        return " 按位异或运算 "
    def __invert__(self):
        return " 按位取反运算 "
    def __lt__(self,other):
        return " 小于比较 "
    def __le__(self,other):
        return " 小于等于比较 "
    def __eq__(self,other):
```

```
            return "等于比较"
    def __ne__(self,other):
            return "不等于比较"
    def __gt__(self,other):
            return "大于比较"
    def __ge__(self,other):
            return "大于等于比较"
stu = Student("珲少",25)
stu2= Student("Lucy",23)
print repr(stu)#学生类
print str(stu)#珲少
print cmp(stu,stu2)#1
print (stu+stu2).age   #48
print (stu-stu2).age #2
print (stu*stu2).age #575
print (stu/stu2).age #1
print (stu//stu2).age #1
print (stu%stu2).age #2
print (stu**stu2).age #large number
print (stu<<2)  # 按位左移 2
print (stu>>4)  # 按位右移 4
print (stu&stu2)# 按位与运算
print (stu|stu2)# 按位或运算
print (stu^stu2)# 按位异或运算
print (~stu)    # 按位取反运算
print (stu<stu2)# 小于比较
print (stu<=stu2)# 小于等于比较
print (stu==stu2)# 等于比较
print (stu!=stu2)# 不等于比较
print (stu>stu2)# 大于比较
print (stu>=stu2)# 大于等于比较
```

3、2、7 关于类属性

类中的属性分为类属性和实例属性两种，我们前面所使用的属性都是实例属性。实例属性是封装在类的对象内部的，各个对象之间独立互不影响。而类属性则是封装在类内部的，类的所有对象共享，例如：

扫码看视频

类属性

```
class Car:
    type = " 汽车 "
    def run(self):
        print " 运行 "
print Car.type# 汽车
# 进行修改
Car.type = " 小汽车 "
print Car.type# 小汽车
```

3.2.8 类中属性和方法的访问权限

Python 类中的属性和方法是有访问权限的控制的。以 __name__ 的方式命名的属性和方法是系统预置的属性和方法。以 __name 方式命名的属性为私有属性，以 _name 方式命名的属性为受保护类型的属性，以 name 方式命名的属性为公开的属性。对于方法也一样，以 __func 方式命名的方法为私有方法，以 _func 方式命名的方法为受保护的方法，以 func 方式命名的方法为公开的方法。

公开的属性和方法可以在当前类、当前类的子类以及类外和模块外被访问。受保护类型的属性和方法不能在模块外被访问，但是可以在当前类、当前类的子类以及类外被访问。私有类型的属性只能在当前类内部被访问，不能在子类、类外以及模块外进行访问。示例代码如下：

```
class Father(object):
    """docstring for Father"""
    def __init__(self):
        print " 重写的系统方法 "
        self.__private_name = " 私有的属性 "
        self._protected_name = " 受保护的属性 "
        self.pub_name = " 公开的属性 "
    def pubFunc(self):
        print " 公开的方法 "
        print self.pub_name+self._protected_name+self.__private_
name
    def _proFunc(self):
        print " 受保护的方法 "
```

```
        def __priFunc(self):
            print " 私有的方法 "
class Sub(Father):
    """docstring for Sub"""
    def subFunc(self):
        # self.__private_name          # 报错
        # self.__priFunc()             # 报错
        self.pubFunc()
f = Father()
print f.pub_name                       # 可以直接访问，公开的属性
# print f.__private_name               # 私有的属性不能访问，会报错
f.pubFunc()
# f.__priFunc()                        # 私有函数调用会报错
s = Sub()
s.subFunc()
```

为类中的属性和方法设置不同的访问权限是十分重要的，这也是面向对象编程中封装思想的一种体现。有时，一个复杂的类中会封装非常多的属性和方法，但是对于外界来说，可能并不是都会使用到，过多地暴露方法和属性会对使用者造成困扰，并且使类变得不安全。类中有些属性可能只在类内部使用，如果外界可以直接对其进行修改，就可能产生不可控的异常情况。在以面向对象的思想编写程序时，要时刻注意封装类时暴露给外界最少、最高效的属性和方法接口。

3.2.9 有趣的"点"语法

所谓点语法，其实就是"."运算符的应用。我们前面一直在使用点语法进行属性的访问和方法的调用，例如：

```
class DotClass:
    """docstring for DotClass"""
    def __init__(self, name, age):
        self.name = name
        self.age = age
dot = DotClass(" 珲少 ",27)
print dot.name
```

如果我们访问了一个不存在的属性，程序就会直接报出错误，但是我们可以通过重写 __getattr__ 和 __setattr__ 方法来控制访问了不存在的属性时程序的行为，示例如下：

```
class DotClass:
    """docstring for DotClass"""
    def __init__(self, name, age):
        self.name = name
        self.age = age
    def __getattr__(self,key):
        return " 不存在 "+key
    def __setattr__(self,key,value):
        self.__dict__[key] = value
dot = DotClass(" 珲少 ",27)
print dot.unknow    # 不存在 unknow
```

其中，__setattr__ 方法当使用点语法对属性进行添加或修改时就会被调用，可以在其中完成对属性修改或添加的拦截操作。需要注意，在这个方法内不可以再次使用点语法语句，否则会造成无限循环，我们需要借助内置的 __dict__ 字典添加属性，__dict__ 会动态存放对象中所有的属性。__getattr__ 方法比较特殊，只有当对象访问了不存在的属性时才会被调用，重写这个方法可以避免程序在访问不存在的属性时的异常终止。

内置的 __delattr__ 函数当使用 del 操作符对属性进行删除时会调用，示例如下：

```
def __delattr__(self,key):
    del self.__dict__[key]
```

与上面所提到的 3 个内置方法对应，还有 3 个方法：__getitem__、__setitem__ 和 __delitem__。很多脚本语言在访问对象的属性时都支持两种方式（例如 JavaScript），一种是以点语法的方式进行访问；另一种是以字典的方式进行访问。在 Python 中，默认只可以使用点语法进行自定义类对象属性的访问，但是我们可以通过实现 __getitem__、__setitem__ 与 __delitem__ 三个函数来为其添加字典访问模式的支持，例如：

```
class DotClass:
    """docstring for DotClass"""
    def __init__(self, name, age):
        self.name = name
        self.age = age
    def __getitem__(self,key):
        print "getitem"
        return self.__dict__[key]
    def __setitem__(self,key,value):
        print "setitem"
```

```
            self.__dict__[key] = value
        def __delitem__(self,key):
            print "delitem"
            del self.__dict__[key]
dot = DotClass("珲少",27)
print dot['name']#珲少
dot["un"] = "un"
print dot.un   #un
del dot["un"]
```

3、2、10 类的属性描述器

属性描述器是 Python 中比较难理解的部分，也是 Python 语言强大的体现。当一个对象进行属性访问时，实际上是经过以下几个查找过程：

（1）先从内置属性集合中查找是否有这个属性，如果有，就对其进行访问；如果没有，就进行下一步（内置的属性如 __dict__、__class__ 等）。

（2）查找当前类的属性描述器集合中是否有这个属性的属性描述器，如果有，就使用属性描述器进行操作；如果没有，就进行下一步。

（3）在当前类的属性列表中查找是否有这个属性，之后进行操作。如果没有，就进行下一步。

（4）在当前类的父类中进行上述查找，一直递归到最上层的基类，如果找到，就进行操作，否则进行下一步。

（5）调用对象的 __getattr__ 方法，由这个方法进行处理，默认抛出异常。

上面是 Python 对象对属性访问的整个查找流程。属性描述器可以理解为一种特殊的对象，用来对属性的获取、赋值以及删除行为进行描述，例如：

```
# 定义一个属性描述符类，必须继承自 object
class Descriptor(object):
    value =None
    def __get__(self, instance, owner):
        print 'run __get__'
```

```
        return Descriptor.value
    def __set__(self, instance, value):
        Descriptor.value = value
        print 'instance: %s, value: %s' % (instance, value)
        print 'run __set__'
    def __delete__(self, instance):
        print('run __delete__')
# 必须继承自 object
'''
打印效果
instance: <__main__.Demo object at 0x100489990>, value: 珲少
run __set__
run __get__
珲少
'''
class Demo(object):
    name = Descriptor()
    def __init__(self, name):
        self.name = name
b1 = Demo(" 珲少 ")
print b1.name
```

上面的代码可以这样理解，首先我们定义了一个属性描述符类 Descriptor，这个类需要继承自 object 类并且实现 3 个属性描述方法：__get__、__set__ 和 __delete__。在 Demo 类中定义了一个命名为 name 的类属性，这个属性是属性描述符 Descriptor 类的示例。因此，根据对象属性的访问流程，如果使用 Demo 类的实例访问 name 属性，就会访问当前属性描述符对象，如果对 name 属性进行赋值，就会调用属性描述符对象的 __set__ 方法，这个方法中除了 self 参数外，instance 参数表示当前 Demo 类的实例对象，value 表示要进行赋值的值。当对 name 属性进行获取操作时，会调用属性描述符对象的 __get__ 方法，这个方法中除了 self 参数外，instance 参数为当前 Demo 类的实例，owner 参数为 Demo 类。当对 name 属性进行删除操作时，会调用属性描述符的 __delete__ 函数。

在编程中，属性描述符实际上体现了一种代理的设计思想。以上面的代码为例，相当于 Demo 类将其 name 属性的各种操作逻辑都交给 Descriptor 类来处理，Descriptor 类可以理解为 Demo 类的一个代理。在日常生活中，时时刻刻都存在这样的场景，例如在学校，每天早上收作业的小组长就是老师的一个代理，作业由老师布置和修改，但是将收发的工作交给各个小组长来完成。

　　关于属性描述器，你可能还不能完全理解，这的确是 Python 中比较高级的部分，暂时不完全掌握也没有关系，在后面的练习中还会学习。

3.3 锦上添花——Python 中的装饰器

　　装饰器是很多 Python 初学者的噩梦。但是不要被吓到，Python 中所有的功能都是为了开发者更加方便快捷地编写程序。在 Python 中，装饰器的用法主要有 4 种：

- 函数装饰函数
- 函数装饰类
- 类装饰函数
- 类装饰类

　　顾名思义，装饰器的用途是对函数或类进行额外的修饰。这就好比 KTV 中五颜六色的灯光，其实光源发出的始终是白光，为其安装不同颜色的遮罩即可散发出不同颜色的光。Python 中的装饰器也是这样的道理，我们可以使用装饰器来使函数或类更加灵活地发挥其功能。

3.3.1 使用装饰器函数来装饰函数

　　要了解装饰器，首先思考一个问题。如果想要为一个函数追加额外的功能，比如追踪函数执行的时间，我们可以怎么做？当然，我们可以直接修改原函数，例如：

扫码看视频

函数装饰器
装饰函数

```
#coding:utf-8
import datetime
def func():
    print datetime.datetime.now().
strftime('%Y-%m-%d %H:%M:%S.%f')
    # 执行 10000 次循环
    for x in xrange(1,10000):
        pass
```

```
        print datetime.datetime.now().strftime('%Y-%m-%d %H:%M:%S.%f')
'''
2018-07-17 11:46:33.907921
2018-07-17 11:46:33.909634
'''
func()
```

上面代码中的 datetime 模块是 Python 中处理日期时间的模块，可以看到 Python 执行 10000 次空循环只用了千分之二毫秒左右的时间。直接修改原函数的确是一种为函数扩展功能的方式，但这是一种极其糟糕的方式。首先修改原函数十分麻烦，如果要对很多函数增加这样的功能，每一个函数都要进行修改。并且，直接侵入源代码是编程中的大忌，这是一种非常危险的行为，在实际开发中，我们可以采取函数包装的方式来为函数扩展功能。修改上面的代码如下：

```
#coding:utf-8
import datetime
def func():
    # 执行 10000 次循环
    for x in xrange(1,10000):
        pass
def dec(func):
    def inner():
        print datetime.datetime.now().strftime('%Y-%m-%d
%H:%M:%S.%f')
        func()
        print datetime.datetime.now().strftime('%Y-%m-%d
%H:%M:%S.%f')
    return inner
'''
2018-07-17 11:46:33.907921
2018-07-17 11:46:33.909634
'''
newFunc = dec(func)
newFunc()
```

上面这段代码明显酷了很多，首先我们将要扩展的功能代码从原函数中剥离了出去，然后创建了一个 dec 包装函数，这个函数使用另一个函数为参数，作用是生成一个新的函数对参数函数进行包装，之后将新的函数返回。后面我们直接调用新的函数，即为原函数添加扩展的功能。在这个过程中，dec 函数的作用类似于一个包装器。其实 Python 装饰器的原理就是这样的，只是我们可以采用更加简便的方式来书写，示例代码如下：

```
#coding:utf-8
import datetime
def dec(func):
    print " 进行装饰 "
    def inner():
        print datetime.datetime.now().strftime('%Y-%m-%d
%H:%M:%S.%f')
        func()
        print datetime.datetime.now().strftime('%Y-%m-%d
%H:%M:%S.%f')
    return inner
@dec
def func():
    # 执行 10000 次循环
    for x in xrange(1,10000):
        pass
'''
进行装饰
2018-07-17 11:46:33.907921
2018-07-17 11:46:33.909634
'''
func()
```

运行上面的代码，通过打印信息可以看出，我们直接调用的 func 函数已经扩展了输出执行时间的功能。下面我们来解释一下装饰器的使用，实现 @dec 将 dec 函数作为装饰器来使用。代码执行到这里时会调用 dec 函数对其修饰的函数进行包装，即对后面的 func 函数进行包装，并将包装后的函数作为 func 函数的函数体。后面我们可以直接调用 func 函数来执行包装后的函数。

3.3.2 使用装饰器函数来装饰类

我们知道，类在构建实例对象时，实际上是调用了类的构造方法。我们也可以使用装饰器函数对类进行装饰，装饰类实际上是对类的构造函数进行装饰，示例代码如下：

扫码看视频

函数装饰器
装饰类

```
#coding:utf-8
import datetime
def dec(func):
    print " 进行装饰 "
    def inner():
```

```
        print datetime.datetime.now().strftime('%Y-%m-%d
%H:%M:%S.%f')
        obj = func()
        print datetime.datetime.now().strftime('%Y-%m-%d
%H:%M:%S.%f')
        return obj
    return inner
@dec
class Teacher(object):
    """docstring for Teacher"""
    def __init__(self):
        self.name = "珲少"
        self.age = 26
'''
进行装饰
2018-07-17 13:34:38.893560
2018-07-17 13:34:38.895589
'''
tea = Teacher()
```

上面的代码中需要注意，构造函数默认将构造出的当前实例对象返回，因此包装函数需要有返回值。这里我们采用了一个小技巧，将原函数的执行结果保存到变量中，当扩展功能执行完成后，将此结果变量返回。

3.3.3 使用类装饰器来装饰函数

除了函数可以被当作装饰器来使用外，类也可以作为装饰器来使用。类中的 __init__ 方法与 __call__ 方法配合使用可以使得类作为装饰器，示例代码如下：

```
class Dec(object):
    """docstring for Dec"""
    def __init__(self,func):
        print "进行装饰"
        self.func = func
    def __call__(self):
        print datetime.datetime.
now().strftime('%Y-%m-%d %H:%M:%S.%f')
```

```
        self.func()
        print datetime.datetime.now().strftime('%Y-%m-%d
%H:%M:%S.%f')
    @Dec
    def func():
        # 执行 10000 次循环
        for x in xrange(1,10000):
            pass
    '''
    进行装饰
    2018-07-17 13:51:28.935644
    2018-07-17 13:51:28.938365
    '''
    func()
```

当代码执行到 @Dec 部分时，首先会调用类的构造方法来构建实例对象，并将 func 函数作为参数传入类的构造方法中，对 func 函数完成包装，当对 func 函数进行调用时，会调用类的 __call__ 内置方法。

帮你解惑

　　__call__ 内置方法是一个十分有用的方法，如果实现了这个方法，我们可以将类的实例对象作为函数进行调用，例如：

```
class Base(object):
    """docstring for Base"""
    def __init__(self):
        pass
    def __call__(self):
        print "Hello"
base = Base()
base()      #Hello
```

3.3.4 使用类装饰器来装饰类

类装饰器装饰类

　　理解了前面几个小节的内容，编写使用类装饰器来装饰类的示例代码十分容易，示例如下：

```
class Dec(object):
    """docstring for Dec"""
    def __init__(self,func):
        print " 进行装饰 "
```

```
            self.func = func
        def __call__(self):
            print datetime.datetime.now().strftime('%Y-%m-%d
%H:%M:%S.%f')
            obj = self.func()
            print datetime.datetime.now().strftime('%Y-%m-%d
%H:%M:%S.%f')
            return obj
    @Dec
    class Student(object):
        """docstring for Student"""
        def __init__(self):
            self.name = "Student"
    '''
    进行装饰
    2018-07-17 14:04:05.366285
    2018-07-17 14:04:05.368070
    <__main__.Student object at 0x100689690>
    '''
    stu = Student()
    print stu
```

在 Python 中，装饰器初看起来过于灵活，可能刚开始不太容易理解，你只需要时刻谨记装饰器的原理（只是对函数进行包装的简写），再加上适当的联系，就会对装饰器的使用游刃有余。

3、3、5 带参数的装饰器

通过前面几个小节的学习，我们发现一个问题，前面所列举的例子都是对无参数的函数进行装饰，如果我们需要装饰的函数有规定参数，就需要修改装饰器函数代码如下：

```
# coding:utf-8
import datetime
def dec(func):
    def inner(name,age):
        print datetime.datetime.now().strftime('%Y-%m-%d
%H:%M:%S.%f')
        obj = func(name,age)
        print datetime.datetime.now().strftime('%Y-%m-%d
%H:%M:%S.%f')
        return obj
    return inner
@dec
class Teacher(object):
    """docstring for Teacher"""
    def __init__(self,name,age):
        self.name = name
        self.age = age
'''
2018-07-17 13:34:38.893560
2018-07-17 13:34:38.895589
'''
tea = Teacher(" 珲少 ",26)
print tea.name # 珲少
```

其实上面代码的这种写法不够通用。很多情况下，我们要使用一个装饰器来装饰多个函数，要被装饰的函数的参数个数并不一定都一致，我们可以采用一种更加通用的装饰器传参方法，例如：

```
# coding:utf-8
import datetime
def dec(func):
    def inner(*params,**paramss):
        print datetime.datetime.now().strftime('%Y-%m-%d
%H:%M:%S.%f')
        obj = func(*params,**paramss)
        print datetime.datetime.now().strftime('%Y-%m-%d
%H:%M:%S.%f')
        return obj
    return inner
@dec
class Teacher(object):
    """docstring for Teacher"""
```

```
def __init__(self,name,age):
    self.name = name
    self.age = age
'''
2018-07-17 13:34:38.893560
2018-07-17 13:34:38.895589
'''
tea = Teacher("珲少",26)
print tea.name # 珲少
```

帮你解惑

　　我们前面学习过 *params 传参方式，它会将传入的多个参数组合成元组赋值给 params 变量。**paramss 的作用与其很像，只是它是将我们使用指定参数名进行传参的多个参数组合成字典赋值给 paramss 变量。在 inner 函数中，调用 func 元函数时一定要注意，传递的参数并不是 params 和 paramss，而是 *params 和 **paramss，这样使元组和字典重新进行拆解，将实际传递的参数还原回去。

3.3.6 装饰器的嵌套

　　Python 中的装饰器支持进行嵌套使用，先看下面这个例子：

扫码看视频

装饰器的嵌套

```
def dec1(func):
    print "装饰器 1"
    def inner(*params,**paramss):
        print "装饰器 1 任务开始"
        obj = func(*params,**paramss)
        print "装饰器 1 任务结束"
        return obj
    return inner
def dec2(func):
    print "装饰器 2"
```

```
        def inner(*params,**paramss):
            print "装饰器 2 任务开始"
            obj = func(*params,**paramss)
            print "装饰器 2 任务结束"
            return obj
        return inner
'''
装饰器 2
装饰器 1
装饰器 1 任务开始
装饰器 2 任务开始
执行原函数功能
装饰器 2 任务结束
装饰器 1 任务结束
'''
@dec1
@dec2
def func():
    print "执行原函数功能"
func()
```

　　如上面的代码所示，使用 dec1 与 dec2 两个装饰器
对 func 函数进行了装饰。需要注意，装饰器的加载
顺序是从离要装饰的函数最近的一层依次向外按顺
序执行的。从打印信息可以看出，先输出了"装
饰器 2"，后输出了"装饰器 1"。在执行被装
饰器装饰后的函数时，则是从外层向内依次执
行的，可以这样理解：装饰器 1 实际上是将被装饰
器 2 装饰后的 inner 函数再次进行了一层装饰。

3.4 将积木组合起来——Python 中的模块

　　模块实际上就是一个 Python 文件，其中可以编写 Python 语句，也可以定义
变量、函数、对象以及类。在 Python 中，模块可以更好地组织代码结构，提高代
码的复用性与独立性。这就好比在一个大型积木玩具中，每个函数、类、对象是
独立的积木，积木可以组合成汽车、房屋等模块，最后各个模块结合使用，完成
整个积木玩具世界。

3.4.1 编写自己的 Python 模块

关于模块，其实我们前面接触过，比如使用数学函数时会调用 math 模块中的内容，使用与日期时间相关的方法时会调用 datetime 模块中的内容。其实模块的实质就是一个 Python 文件，我们也可以将自己编写的代码作为模块提供给其他人使用。例如，创建一个名为 my_module.py 的文件，在其中编写如下代码：

```
def myFunc():
    print "myFunc"
class myClass(object):
    """docstring for myClass"""
    def __init__(self):
        print "myClass init"
    def desc(self):
        print "myClass"
module_name = "my_module"
print "module load finish"
```

再在 my_module.py 的同级目录下创建一个名为 m_demo.py 的文件，编写代码如下：

```
#coding:utf-8
# 直接将整个模块导入
import my_module #module load finish
# 调用模块中的变量
print my_module.module_name #my_module
# 调用模块中的函数
my_module.myFunc()#myFunc
# 调用模块中的类
obj = my_module.myClass()#myClass init
obj.desc()#myClass
```

运行代码，从打印信息可以看到，在 m_demo.py 文件中已经可以成功调用 my_module.py 模块中定义的数据了。

import 语句的作用是引入模块，其可以一次只引入一个模块，也可以一次引入多个模块，语法如下：

```
import my_module,math,datetime
```

当 Python 解释器运行到 import 语句时，会将引入模块中的内容进行导入，并直接执行引入模块中的代码。需要注意，Python 的模块引入有互斥性，也就是说，无论对同一个模块进行过多少次导入，实际上都只会导入一次，模块中的代码也只会在第一次导入时被执行。

模块具有天生的命名空间优势，在编程中，变量重名常常是最让人头疼的。由于模块在调用时使用 [模块名 . 变量名] 的方式使用其中定义的变量，因此只要保证模块内的变量名唯一即可。这为我们带来了十分大的便利，在编写自己的模块时，无须再考虑是否会和模块外的代码产生命名冲突。

帮你解惑

在导入模块时，解析器首先会从当前文件所在的目录寻找此模块，如果没有找到，解析器就会从系统的路径变量中寻找。

3.4.2 导入模块中的指定部分

在前面的示例中，我们直接将 my_module 模块整体进行了导入，实际应用中，有时并不需要使用某个模块中所有的内容，例如之前学习过的 math 模块，当我们只需要使用三角函数时，就没有必要将整个 math 模块导入。对于自定义的模块是一样的，我们可以选择性地将模块中的部分内容导入当前 Python 文件中进行使用。使用 from-import 语句的示例如下：

扫码看视频

导入模块中的
部分内容

```
from my_module import myFunc # 只将 my_module 模块中的 myFunc 函数进行
导入 module load finish
# 通过函数名直接调用
myFunc()#myFuncye
```

也可以从同一个模块一次导入多个部分，例如：

```
from my_module import myFunc,module_name
# 通过函数名直接调用
myFunc()#myFunc
print module_name
```

还有一种方式可以一次将模块中所有的内容进行导入，示例如下：

```
from my_module import *
# 通过函数名直接调用
myFunc()#myFunc
print module_name
```

使用 form-import * 这种方式会直接将模块中所有的变量、对象、类等内容导入，并且不需要再使用模块名作为前缀，可以直接对其进行调用。但是需要注意，这种方式虽然方便，但是失去了模块命名空间的优势，在实际编写代码时要谨慎使用。

3、4、3 模块相关函数

我们知道，函数和类在定义时都可以添加说明文档，模块也是。在模块的首部可以通过多行注释的方式来添加文档，例如：

```
#coding:utf-8
'''
这里是模块的文档
'''
def myFunc():
    ''' 函数文档 '''
    print "myFunc"
class myClass(object):
    """docstring for myClass"""
    def __init__(self):
        print "myClass init"
    def desc(self):
        print "myClass"
module_name = "my_module"
print "module load finish"
```

在使用时，可以直接调用模块的 __doc__ 内置属性来查看文档，例如：

```
print my_module.__doc__ # 这里是模块的文档
```

无论是自己编写模块还是使用别人编写的模块，文档都是十分重要的。阅读文档可以更快地掌握模块的使用方法，编写文档更是一种好的习惯，可以让以后使用这个模块的人或者自己节省很多熟悉模块的时间。

每个模块对象都有一个 dir() 函数，我们可以调用这个函数来获取模块中定义的变量、函数以及类，例如：

```
'''
['__builtins__', '__doc__', '__file__', '__name__', '__
package__', 'module_name', 'myClass', 'myFunc']
'''
print dir(my_module)
print my_module.__file__          #模块的文件路径
print my_module.__name__          #模块名称
print my_module.__package__       #模块所在的包名
```

在使用 import 引入模块时，只有在第一次引入时模块才会加载，也就是说，模块只会被加载一次。如果需要对模块进行重新加载，则可以调用 reload 函数，例如：

```
import my_module#module load finish
reload(my_module) #module load finish
```

3.4.4 关于包

模块实质上是一个 Python 文件，包实质上是一个特殊的文件夹。我们在编写程序时，对于简单的程序可以将所有代码都写在一个 Python 文件中，但是实际应用中，程序都是非常庞大的，在 Python 中可以使用包来组织层次分明的目录结构。

包是一个文件夹，但它是一个特殊的文件夹，其中至少需要包含一个命名为 __init__.py 的文件，这个文件可以为空，用来表明当前文件夹是一个 Python 包，包中可以添加许多 Python 模块。例如，我们在当前目录下新建一个文件夹，在其中添加 3 个 Python 文件，使得工程的目录结构如图 3-2 所示。

图 3-2 中的 Util 文件夹就是一个包。在 __init__.py 文件中添加如下代码：

```
#coding:utf-8
print "Util 包加载完成 "
```

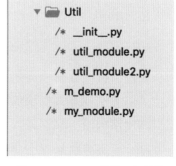

图 3-2 Python 工程的组织结构

在 util_module.py 文件中添加如下代码：

```
def util1Func():
    print "util1Func"
```

在 util_module2.py 中添加如下代码：

```
def util2Func():
    print "util2Func"
```

在 m_demo.py 文件中使用如下代码来测试包的使用：

```
#coding:utf-8
# 导入包
import Util.util_module,Util.util_module2 #Util 包加载完成
Util.util_module.util1Func()#util1Func
Util.util_module2.util2Func()#util1Func
```

通过运行输出，可以看到包实际上是将模块进行了包装，在导入包时首先会调用包中的 __init__.py 文件进行初始化。在编写代码时，我们可以使用包将工程按照功能模块进行组织。

3.5 谁都有生气的时候——异常的处理

异常其实就是程序在运行过程中发生了错误。任何一个软件工程师，甚至是非常有经验的软件工程师也不能保证其所编写的程序百分百完美。因此，我们在编写代码时，重要的不是不犯错，而是在错误发生时知道怎么处理它。

Python 有着完善的异常处理体系，本节我们一起学习如何处理 Python 中的异常。

3.5.1 异常的抛出

当我们运行 Python 程序时，如果程序在完整执行前中断了，那么多半是程序出现了错误，系统抛出了异常。最常见的异常是 SyntaxError 与 TypeError 异常。其中，SyntaxError 是语法错误，TypeError 是类型错误。例如，下面的示例代码将抛出语法错误异常：

```
~~% #SyntaxError: invalid syntax
```

类型错误也是一种常见的错误，例如将字符串与数值进行除法运算就会抛出类型错误异常：

```
"sdad"/3 #TypeError: unsupported operand type(s) for /: 'str'
and 'int'
```

当程序有异常发生时，程序会直接终止，这其实也是一种程序的自我保护方式。因为一旦有异常发生，说明当前程序的运行结果已经非常不可控，继续执行不仅不能得到想要的结果，还有可能对数据进行破坏。这对用户来说是一件非常危险的事情，并且异常的抛出也向我们暴露了许多信息，我们可以根据这些提示信息处理异常问题。

Python 本身定义了许多标准异常，当程序产生错误时，会根据错误类型的不同抛出不同的异常，常见的异常类型如表 3-3 所示。

表3-3 常见的异常类型

异 常 名	解 释
BaseException	异常基类
SystemExit	解释器退出
KeyboardInterrupt	用户中断
Exception	常规异常
StopIteration	迭代器停止
GeneratorExit	生成器退出
StandardError	标准异常的基类
ArithmeticError	数值相关异常
FloatingPointError	浮点计算异常
OverflowError	数值运算超出最大限制
ZeroDivisionError	0作为除数异常
AssertionError	断言抛出的异常
AttributeError	属性不存在异常
EOFError	输入异常
EnvironmentError	系统异常基类
IOError	输入输出异常
OSError	操作系统异常
WindowsError	系统调用异常
ImportError	导入模块异常
LookupError	数据查询异常
IndexError	索引异常
KeyError	键异常
MemoryError	内存异常
NameError	名称异常
UnboundLocalError	未初始化的本地变量异常

（续表）

异 常 名	解　释
ReferenceError	引用异常
RuntimeError	运行时异常
NotImplementedError	未实现方法异常
SyntaxError	语法异常
IndentationError	缩进异常
TabError	Tab缩进异常
SystemError	系统异常
TypeError	类型异常
ValueError	参数异常

表 3-3 所列举的异常都是 Python 预定义的，它们可以由系统抛出，也可以由开发者抛出，开发者手动抛出异常在编程中是十分重要的。前面我们学习过模块，很多时候，模块都是作为整体提供给他人使用的，模块中函数的传参、对象的调用等往往不是编写者可以控制的，如果使用者传入了错误的参数或者不当地使用了对象，编写者可以通过抛出异常的方式来提醒使用者。在 Python 中，使用 raise 关键字来抛出异常，例如：

```python
def simpleAdd(a,b):
    if type(a) != int or type(b) != int:
        raise TypeError(" 类型错误 ")
    print a+b
simpleAdd(1,"2")
```

上面的示例代码中，我们创建了一个简单的加法函数，这个函数对加法进行了限制，只允许整型数据进行相加操作，并将结果进行打印。如果函数在使用时传入了非整型的数据，就会抛出一个 TypeError 类型的异常，并提醒使用者类型错误。运行上面的代码，打印信息如下：　　　　　　TypeError: 类型错误

系统预定义的异常其实都是类，但是 raise 关键字抛出的异常不局限于系统预定义的这些，我们也可以自己定义一种异常类。示例如下：

```python
class MyError(Exception):
    def __init__(self, msg):
        self.msg = msg
    def __str__(self):
        return self.msg
def simpleAdd(a,b):
```

```
    if type(a) != int or type(b) != int:
        er = MyError("msg")
        raise er
    print a+b
simpleAdd(1,"2")#__main__.MyError: msg
```

需要注意，我们自定义的异常类一般会继承自 Exception 类，并且重写了 __str__ 方法，方便我们查看抛出异常时的打印信息。

3、5、2 捕获异常

异常的抛出会造成程序的意外中断，然而因为程序某一部分的异常而使整个程序关闭对用户来说是十分不友好的。比如，某个记事本应用程序提供云端存储服务，如果用户的网络环境产生异常，应该不会影响用户本地进行的记事动作。Python 提供了 try-except 结构来对异常进行捕获操作，示例代码如下：

异常的捕获

```
try:
    print unKnow
except Exception,msg:
    print "捕获异常"
    print msg
else:
    print "没有异常产生"
finally:
    print "结束捕获异常过程"
```

下面我们解释一下上面代码的作用。try-except 结构用来捕获异常，首先我们需要将可能抛出异常的代码放入 try 对应的代码块中，例如上面的代码中使用了未定义的变量名，如果有异常抛出，程序就会执行 except 对应的代码块。except 的定义格式如下： except [异常类型],[异常参数信息]

except 可以设置捕获某个类型的异常，如果 try 块中抛出的异常类型与 except 指定的异常类型不同，就无法完成捕获。但是我们可以添加多个 except 块来分别处理不同类型的异常，例如：

```
try:
    print unKnow
except SyntaxError,msg:
    print "捕获 SyntaxError 异常"
    print msg
except NameError,msg:
    print "捕获 NameError 异常"
    print msg
else:
    print "没有异常产生"
finally:
    print "结束捕获异常过程"
```

如果没有异常抛出，就会执行 else 所对应的代码块。在 try-except 结构的最后，我们可以选择添加一个 finally 代码块，这个代码块无论是否有异常被捕获，最终都会执行。上面代码的运行结果如下：

```
捕获 NameError 异常
name 'unKnow' is not defined
结束捕获异常过程
```

通常，当我们要执行可能会抛出异常的函数时，可以采用 try-except 结构对其进行保护。

3.5.3 使用断言

使用断言也是抛出异常的一种方式，不同的是，断言本身自带一些逻辑判断。所谓断言，即对某一条件进行判断，如果符合要求，则程序继续向后执行；如果不符合要求，则抛出异常，例如：

断言的使用

```
obj = [1,2,3]
assert len(obj)>0
print "断言成功"
```

assert 关键字用来进行断言，断言后面可以跟一个逻辑表达式，如果表达式结果为 True，则断言成功，程序会顺利执行；如果表达式结果为 False，则抛出断言异常。例如上面的示例代码用来检测 obj 列表是否为空，如果为空，就会抛出 AssertionError 类型的异常。其实上面的代码的作用和下面的代码的作用完全一致：

```
obj = [1,2,3]
if len(obj)>0:
    pass
else:
    raise AssertionError()
```

异常对象在构造时，我们可以通过传入一个异常参数来对异常进行说明。这样，当抛出异常时，我们可以通过打印的异常参数来了解具体的异常问题。使用断言也可以指定异常参数，例如：

```
obj = []
#AssertionError：列表不可以为空
assert len(obj)>0," 列表不可以为空 "
```

帮你解惑

　　熟练地使用断言在实际开发中十分重要，尤其是在编写模块时，可以保证使用者正确地使用模块提供的方法。

第**4**章

开始和 Python 面对面

前 3 章我们学习了许多关于 Python 编程的基础内容。这个学习过程就像一趟旅程，沿途中我们不仅见识了 Python 带来的奇异的计算机编程世界，也越来越接近 Python 的核心。当然，所有的学习过程可能都伴随着一些枯燥的内容。但是，如果你已经掌握了前 3 章所讲解的内容，那么从本章开始，你的学习过程将充满趣味，并且可以自己动手实现好玩的程序和游戏。

本章之前，编程好像只是先写一行一行的命令，然后运行一下，程序打印出一些字符串。刚开始你可能会觉得这挺有趣的，但是计算机中真正提供给用户使用的程序和我们编写的程序完全不同，它们有漂亮的界面，可以通过按钮、输入框、界面切换等多种方式与用户进行交互。毕竟不是人人都是计算机专家，无界面的程序并不是人人都喜欢使用。本章将带你入门 Python 的界面编程技术，由于 Python 具有良好的跨平台性，因此编写的界面程序可以在各种平台上展示。

4.1 看得到的程序——你的第一个 GUI 程序

GUI 的 全 称 是 Graphical User Interface，翻译过来就是图形用户接口。通俗一点，GUI 其实就是程序的界面编程接口。举个例子，你可以使用 Python 的这些接口来创建按钮、文本框、窗口等界面组件。学习了 Python 的 GUI 技术后，程序就不再仅仅是枯燥的代码，它将能够和你真正的面对面交流。

4.1.1 认识 Tkinter

Tkinter 是一个模块，它是 Python 标准的 GUI 编程接口。由于 Tkinter 是 Python 标准库中自带的，因此我们不需要做额外的操作，可以直接使用这个模块。

Tkinter 有着良好的跨平台性，这使得你编写的程序界面可以无缝地运行在 Windows、OS X 以及 Linux 等系统上。Tkinter 中提供了丰富的 UI 组件，表 4-1 列举了一些开发中常用的组件。

表4-1 Tkinter提供的开发中常用的组件

组 件 名	解 释
Button	按钮组件，接收用户交互事件
Text	文本组件，显示多行文本
Label	标签组件，显示文本和图像
Message	消息框组件
Entry	输入组件，接收用户文本输入
Spinbox	输入组件，可以规定范围
Menu	菜单组件
Menubutton	菜单按钮组件
OptionMenu	选择菜单组件
Checkbutton	复选框组件
Radiobutton	单选按钮组件
Scale	范围控件
Scrollbar	滚动条控件
Listbox	列表组件
Cavans	画布组件
Toplevel	顶级窗口组件
Frame	框架组件，作为容器组件
PanedWindow	窗格布局组件
LabelFrame	容器组件，进行窗口布局

表 4-1 列出了 Tkinter 提供的常用组件，任意组合它们可以创建出各种定制化的界面。在本章的学习过程中，发挥你的想象尽情创造吧。

4.1.2 编写带界面的"Hello World"

你是否记得我们最初学习 Python 编程时的"Hello World"程序？当 Python

从程序世界向你送来第一声问好时，你那激动的心情现在是否记忆犹新。本小节将这个 Hello World 程序进行一次重大升级，让 Python 不是在命令行中向我们问好，而是直接在显示器上显示"Hello World"。

首先，创建一个新的 Python 文件，将其命名为 hw.py。在其中编写如下代码：

```
#coding:utf-8
import Tkinter
# 创建程序主窗口
rootWindow = Tkinter.Tk(className=
'窗口')
# 开启循环
rootWindow.mainloop()
```

上面的代码创建了一个主窗口，并将其展示在显示器上。需要注意的是，我们之前编写的脚本，当代码最后一行执行结束时，程序就结束了。但是对于 GUI 程序，我们需要让程序永远执行下去，直到用户选择关闭，因此可以采用一个无限循环来保持程序不被关闭，上面的示例代码中最后调用的 mainloop() 方法就起到这样的作用。运行工程，效果如图 4-1 所示。

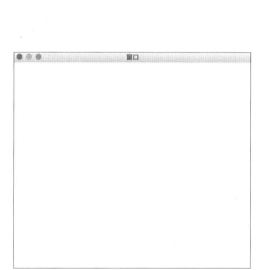

图 4-1 使用 Tkinter 创建的窗口

下面向窗口中添加一个简单的文本组件，修改代码如下：

```
#coding:utf-8
import Tkinter
rootWindow = Tkinter.Tk(className='窗口')
label = Tkinter.Label(master=rootWindow)
label["text"] = "Hello World!"
label.pack()
rootWindow.mainloop()
```

再次运行工程，效果如图 4-2 所示。

新版"Hello World"程序已经完成了。怎么样，仅仅用了不到 10 行代码，就在屏幕上创建了一个看得见的程序界面。跟随我的脚步，领略 Tkinter 中更加丰富多彩的组件吧。

图 4-2 GUI 程序 Hello World

4.2 叩开组件世界的大门——Tkinter 基础组件详解

从 4.1 节了解到 Tkinter 中提供了大量的组件供我们使用。本节一起学习这些组件的使用。灵活地组合使用这些组件可以创建出复杂炫酷的用户界面。

4.2.1 Button 按钮组件

按钮组件是最简单的用户交互组件。Tkinter 中的 Button 组件可以设置一个回调函数，当用户单击按钮时，回调函数会被调用。

需要注意，Tkinter 虽然是 Python 自带的一个跨平台 GUI 模块，但是有些系统对其实现的并不是十分完善。在 Mac OS X 系统下，Button 组件的许多定制化设置都不被支持，只能使用基础风格的按钮，如图 4-3 所示。

Linux 系统对 Tkinter 组件有着完整的实现，下面将在 Linux 下演示 Button 组件的效果。首先，新建一个名为 btn.py 的文件，打开 Linux 系统下的"终端"工具，使用 lldb 集成环境来编写如下代码：

图 4-3 Mac OS X 系统下的 Button 组件风格

```python
#coding:utf-8
import Tkinter as tk
rootwindow = tk.Tk()
btn = tk.Button(rootwindow)
# 设置活跃状态的背景色
btn['activebackground']= '#ff0000'
# 设置活跃状态的前景色
btn['activeforeground']= '#00ff00'
# 设置按钮显示的文本
btn['text'] = "我是一个按钮"
# 设置按钮宽度,标准为字符数
btn['width'] = 20
# 设置按钮高度,标准为字符数
btn['height'] = 3
# 设置按钮的锚点
btn['anchor'] = 'center'
# 设置按钮的边框宽度
btn['bd'] = 3
# 设置按钮正常状态下的背景色
btn['bg'] = '#999999'
# 设置按钮活跃时的鼠标样式
btn['cursor'] = 'pencil'
# 定义一个执行函数
def click():
    print "按钮被点击了"
# 设置按钮被单击后的回调函数
btn['command'] = click
# 设置按钮的默认状态
btn['default'] = 'disabled'
# 设置不可用状态下的背景色
btn['disabledforeground'] = '#ffffff'
# 设置前景色
btn['fg'] = '#ff00ff'
# 设置按钮颜色
btn['font'] = ('Helvetica', '16','bold','italic')
# 设置多行文本的对齐方式
btn['justify'] = 'center'
# 设置显示的图片,注意格式为 GIF
btn['image'] = tk.PhotoImage(file='./img.gif')
# 设置显示默认的图标
btn['bitmap'] = 'question'
```

```
# 设置按钮文字的内间距
btn['padx'] = 10
btn['pady'] = 10
# 设置按钮的立体效果
btn['relief'] = 'sunken'
# 使用代码触发按钮的点击回调
btn.invoke()
btn.pack()
rootwindow.mainloop()
```

Linux 下的按钮风格如图 4-4 所示。

图 4-4 Linux 系统下 Button 组件的风格

背景色用来设置按钮的背景颜色，前景色用来设置按钮的文字颜色。在 Tkinter 中，我们通常使用十六进制来表示颜色。表 4-2 中的几种方式均可以定义颜色。

表4-2 定义颜色的方式

格　　式	解　　释
#rgb	使用rgb色值设置颜色，例如#f00表示红色
#rrggbb	使用rrggbb色值设置颜色，例如#ff0000表示红色
#rrrgggbbb	使用rrrgggbbb色值设置颜色，例如#fff0000表示红色

也可以使用一些预置的颜色字符串来定义颜色，如表 4-3 所示。

表4-3 预置的颜色

预置颜色	解　　释	预置颜色	解　　释
white	白色	blue	蓝色
black	黑色	cyan	靛蓝
red	红色	yellow	黄色
green	绿色	magenta	洋红

用户交互组件有多种状态。活跃状态是指当按钮获取到焦点（鼠标放置在按钮上）时按钮的状态。不可用状态是指按钮被禁用时的状态。高亮状态是指按钮被按下时的状态。

Button 组件的 cursor 属性用来设置按钮对应的鼠标样式，表 4-4 列举了可用的按钮样式。

表4-4 可用的按钮样式

名　称	样　式	名　称	样　式
arrow		man	
based_arrow_down		middlebutton	
based_arrow_up		mouse	
boat		pencil	
bogosity		pirate	
bottom_left_corner		plus	
bottom_right_corner		question_arrow	
bottom_side		right_ptr	
bottom_tee		right_side	
box_spiral		right_tee	
center_ptr		rightbutton	
circle		rtl_logo	
clock		sailboat	
coffee_mug		sb_down_arrow	
cross		sb_h_double_arrow	
cross_reverse		sb_left_arrow	
crosshair		sb_right_arrow	
diamond_cross		sb_up_arrow	
dot		sb_v_double_arrow	
dotbox		shuttle	
double_arrow		sizing	
draft_large		spider	
draft_small		spraycan	
draped_box		star	

（续表）

名　称	样　式	名　称	样　式
exchange		target	
fleur		tcross	
gobbler		top_left_arrow	
gumby		top_left_corner	
hand1		top_right_corner	
hand2		top_side	
heart		top_tee	
icon		trek	
iron_cross		ul_angle	
left_ptr		umbrella	
left_side		ur_angle	
left_tee		watch	
leftbutton		xterm	
ll_angle		X_cursor	
lr_angle			

　　按钮除了可以显示文字标题外，也可以用来显示图标，Button 的 image 属性用来设置按钮显示的图片。需要注意，要使用 GIF 格式的图片素材。bitmap 属性用来内置图标。可以设置的图标如表 4-5 所示。

表4-5　可以设置的图标

图　标	图　标
error	gray75
gray50	gray25
gray12	hourglass
questhead	Info
question	warning

　　例如，question 类型的图标按钮效果如图 4-5 所示。

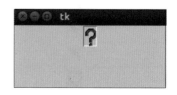

图 4-5　图标按钮样式

Button 组件的 relief 属性用来设置按钮的立体效果，使用这个属性可以为按钮添加阴影效果，可选效果有 FLAT、RAISED、SUNKEN、GROOVE、RIDGE。每种效果如图 4-6 所示。

图 4-6 按钮的 relief 效果图

4.2.2 Text 文本组件的基础使用

Text 组件是 Tkinter 库中专门用来展示多行文本的组件，但是其不仅仅用来展示文本。Text 组件也可以支持用户输入，使用它可以实现一个简单的文本编辑器。首先，新建一个 Python 文件，将其命名为 text.py，在其中编写如下代码：

```
#coding:utf-8
import Tkinter as tk
rootwindow = tk.Tk()
text = tk.Text(rootwindow)
text.insert(tk.END,"HelloWorld")
text.pack()
rootwindow.mainloop()
```

需要注意，Text 组件使用 insert 函数进行文本的插入，其中第 1 个参数用来设置游标索引，即我们要插入文本的位置，第 2 个参数设置要插入的文本。关于游标索引，我们可以采用表 4-6 中的几种方式来定位。

表4-6 定位游标索引的方式

索引定位方式	解 释
line.column	使用行和列来定位，例如3.0表示从第3行第0列开始插入（行索引从1开始，列索引从0开始）
line.end	在某一行的结尾插入，例如 '2.end' 表示在第二行的结尾插入，注意需要使用字符串类型
Tkinter.INSERT	在游标选中的位置插入
Tkinter.CURRENT	在当前游标所在的位置插入
Tkinter.END	在末尾插入

索引定位方式	解　释
Tkinter.SEL_FIRST	在选中的首字符处插入
Tkinter.SEL_LAST	在选中的末尾字符处插入
Markname	在一个定义好的标记位置处插入，后面会介绍
tag.first	在一个定义好的标签前插入，注意使用字符串类型，后面会介绍
tag.last	在一个定义好的标签后插入，注意使用字符串类型，后面会介绍
Index+n chars	在指定索引后移n个字符处插入
Index-n chars	在指定索引前移n个字符处插入
Index+n lines	在指定索引后移n行处插入
Index-n lines	在指定索引前移n行处插入
index linestart	在指定索引的行首插入
index lineend	在指定索引的行末插入

可以使用下面的示例代码进行文本插入位置的测试：

```
#coding:utf-8
import Tkinter as tk
rootwindow = tk.Tk()
text = tk.Text(rootwindow)
text.insert(tk.END,"1_HelloWorld\n")
text.insert(tk.END,"2_HelloWorld\n")
text.insert(tk.INSERT,"Hi")
text.mark_set("mark1",2.2)
text.tag_add("tag1",1.0)
text.tag_add("tag2",2.0)
text.insert('tag2.first+2 chars',"W")
text.insert("mark1","HaH")
text.insert('2.4 linestart',"HUI")
text.pack()
rootwindow.mainloop()
```

Text组件也支持许多属性的配置，例如文本颜色、组件宽度和高度等，如表4-7所示。

表4-7　Text组件支持的属性配置

属 性 名	解　释
autoseparators	是否自动插入分隔符，用来进行撤销操作，后面会介绍Text的撤销操作
bg	设置组件的背景色
Bd	设置组件的边框宽度
cursor	设置活跃时的鼠标样式
font	设置文本字体
fg	设置组件前景色，即文本颜色
height	设置组件高度，单位为行数
highlightbackground	设置高亮状态的背景色
maxundo	设置最大可撤销操作次数
padx	设置组件文字水平内间距
pady	设置组件文字垂直内间距
relief	设置组件阴影效果
selectbackground	设置选中文字的背景色
selectborderwidth	设置选中文字的边框宽度
selectforeground	设置选中文字的颜色
spacing1	设置行间距
undo	设置是否支持撤销操作
width	设置组件宽度
xscrollcommand	用来绑定水平滚动条
yscrollcommand	用来绑定垂直滚动条

基础的 Text 组件效果如图 4-7 所示。

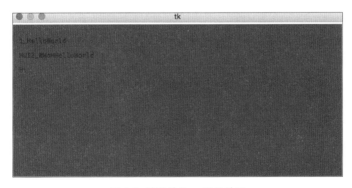

图 4-7　基础的 Text 组件效果

4.2.3 进行标记与标签设置

扫码看视频
使用标记与标签

前面我们学习了使用索引向 Text 组件中插入文本。关于索引的定位，我们可以使用标记与标签。使用下面的方法可以获取当前 Text 组件中所有定义了的标记名称：

```
text.mark_names()
```

mark_names 函数会返回一个元组。下面的方法用来获取离所传入索引参数最近的下一个标记名称：

```
text.mark_next(3.0)
```

与这个方法对应，下面的方法用来获取离所传入索引参数最近的上一个标记名称：

```
text.mark_previous (2.0)
```

使用下面的函数可以在某个索引处添加标记：

```
text.mark_set("mark1",2.2)
```

在 mark_set 方法中，第 1 个参数设置要添加的标记的名称，第 2 个参数设置要在哪个位置添加标记。使用 mark_unset 方法用来移除一个已经存在的标记。

标签与标记有相似的使用方法，标签也可以用来进行定位。不同的是，标签比标记更加强大，其可以直接定义一个范围，例如：

```
text.tag_add("tagName",1.0,'1.end')
```

上面一行代码的意思是创建一个标签，这个标签表示的是从第 1 行行首到行末的所有文本。通过标签可以十分灵活地开发富文本组件，甚至可以对文本中的某一范围添加用户交互事件，例如：

```
text.tag_bind("tagName",'<1>',lambda t:text.insert(tk.END, "\n 插
入新的文字 "))
```

tag_bind 方法用来向某个标签绑定用户事件，对应的使用 tag_unbind 方法可以解除绑定。关于用户事件的定义后面会专门介绍，上面代码的作用是当用户单击第一行文本时，自动向文本的末尾追加新的文本。我们也可以使用下面的标签配置方法来对其中一部分的文本进行个性化的配置，示例如下：

```
text.tag_configure("tagName",background="green",foreground='purp
le')
```

也可以使用下面的方法获取某个标签的配置信息：

```
text.tag_cget("tagName",'background')
```

上面代码的运行效果如图 4-8 所示。

图 4-8 进行简单的富文本设置

下面的方法用来删除一个标签。需要注意，标签一旦被删除，则其所配置的富文本内容也将被删除：
```
text.tag_delete("tagName")
```

下面的方法用来获取所有已经定义的标签名：
```
text.tag_names()
```

下面的方法用来获取标签所定义的文本的范围。这个方法将返回一个元组对象，元组中有两个元素，分别是标签定义的文本区域的起始索引与结束索引：

```
text.tag_ranges("tagName")
```

4.2.4 关于 Text 组件的撤销与重做功能

任何提供编辑功能的应用程序都会提供撤销与重做的功能。回忆一下，当你使用绘图软件涂鸦和使用文本软件写博客时，是不是经常会使用撤销和重做功能？Text 组件也提供了这样的功能，它可以保存用户使用的过程，以便在需要的时候回退到指定的状态。

首先，新建一个命名为 undo.py 的 Python 文件，在其中编写基础的布局代码如下：

```
#coding:utf-8
from Tkinter import *
```

```
rootwindow = Tk()
text = Text(rootwindow)
text.insert(1.0,"HelloWorld")
text.pack()
undo = Button(rootwindow,text=" 撤销 ")
redo = Button(rootwindow,text=" 重做 ")
undo.pack()
redo.pack()
rootwindow.mainloop()
```

运行代码，你将看到如图 4-9 所示的效果。

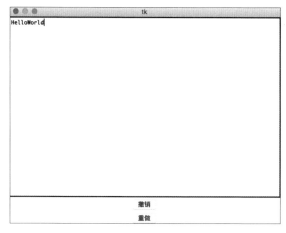

图 4-9 测试窗口效果

撤销与重做功能的核心在于操作栈，栈是一种非常有意思的存储结构，你可以把它简单地理解为只有一个入口的圆筒，当你向圆筒中放入东西时，后放入的东西总会被放在圆筒的最上方，先放入的东西总会被压在圆筒的下面。而当你从圆筒中拿出东西时，最上方的东西会先被取出，之后才能取出下面的东西，如图 4-10 所示。

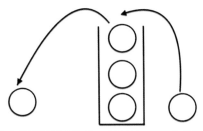

栈中最上方的球被最先取出　栈结构　后放入的球在栈的最上方

图 4-10 栈基本结构示意图

可以通过口诀记忆栈的这种特性：先进后出，后进先出。

Text 组件的撤销与重做功能也是使用栈的这种特性来实现的。其原理非常简单，对 Text 组件的每一步操作都会被抽象成操作对象，然后放入操作栈中，如果要进行撤销，则只需要将栈内的最后一个操作对象取出，然后将 Text 组件的状态还原到操作栈中记录的状态即可；同样，要进行重做操作，将从栈中取出的操作对象重新放入即可。修改上面的代码如下：

```
#coding:utf-8
from Tkinter import *
rootwindow = Tk()
text = Text(rootwindow)
text["undo"] = True
text.insert(1.0,"1_HelloWorld\n")
text.edit_separator()
text.insert(2.0,"2_HelloWorld\n")
text.edit_separator()
text.insert(3.0,"3_HelloWorld\n")
text.edit_separator()
text.insert(4.0,"4_HelloWorld\n")
text.pack()
def undofunc():
    text.edit_undo()
def redoFunc():
    text.edit_redo()
undo = Button(rootwindow,text=" 撤销 ",command=undofunc)
redo = Button(rootwindow,text=" 重做 ",command=redoFunc)
undo.pack()
redo.pack()
rootwindow.mainloop()
```

重新运行代码，通过单击"撤销"和"重做"按钮可以看到有趣的效果。

下面我们来分析代码。Text 组件的 edit_separator 方法的作用是添加一个分隔符，也就是说，使用 edit_separator 方法后，将从上个分隔符到当前为止的所有修改作为操作压入栈中；edit_undo 方法用来进行撤销操作，将 Text 组件的状态还原到上一个分隔符的位置；edit_redo 方法用来进行重做操作，即将 Text 组件的状态还原到下一个分隔符的位置，但是需要注意，如果在调用 edit_redo 方法之前，Text 组件又产生了修改，则不能再进行重做操作。

Text 组件的以下方法可以将操作站清空：　　　　　`text.edit_reset()`

4.2.5 使用 Text 组件进行图文混排

图文混排是 GUI 开发中常见的一种界面设计样式。我们在网站上查看的新闻、阅读的小说很多时候都是图文并茂的。Text 组件也提供在文本中插入图片，创建一个新的 Python 文件，命名为 textImage.py，编写代码如下：

图文混排

```
#coding:utf-8
from Tkinter import *
rootwindow = Tk()
text = Text(rootwindow)
text["font"] = ('Helvetica', '56')
img = PhotoImage(file="./img.gif")
text.image_create(1.0,align='top',im
age=img)
text.pack()
rootwindow.mainloop()
```

上面的代码中的 img.gif 是本地的一张图片，其需要放在与当前 Python 文件同一个目录下，运行代码，效果如图 4-11 所示。

Text 组件的 image_create 方法用来插入图片，其第 1 个参数设置插入图片的位置，后面的可选参数配置插入图片的设置选项，可配置选项如表 4-8 所示。

图 4-11 向 Text 组件中插入图片

表4-8 可配置选项

参 数 名	意 义
align	设置图片的对齐模式 "top"：上对齐 "center"：居中对齐 "bottom"：下对齐
image	设置要显示的图片
padx	设置图片的水平内边距
pady	设置图片的垂直内边距

使用下面的方法可以获取 Text 组件中插入的所有图片名：

```
text.image_names()
```

4.2.6 Text 组件的其他常用方法

Text 组件支持将其他组件作为子组件插入当前文本中。使用 window_create 方法可以进行组件的插入，示例代码如下：

```
#coding:utf-8
from Tkinter import *
rootwindow = Tk()
text = Text(rootwindow)
text.pack()
label = Label(text,
text="HelloWorld")
btn = Button(text,text="Hi")
text.insert(1.0," 第一行 \n")
text.insert(2.0," 第二行 \n")
text.window_create(1.0,window=btn)
text.window_create(2.0,window=label)
rootwindow.mainloop()
```

上面的代码中，我们将一个按钮组件和一个标签组件作为 Text 组件的子组件进行插入，效果如图 4-12 所示。

我们再来看一下 window_create 方法。这个方法中的第 1 个参数为要插入子组件的位置。需要注意，对于要插入的子组件，需要将其拥有者设置为 Text 组件本身。这个方法后面的参数为配置项，可选配置项如表 4-9 所示。

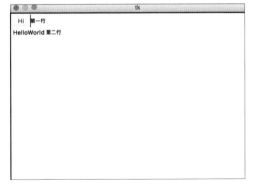

图 4-12　向 Text 组件中插入子组件

表4-9　可选配置项

参 数 名	意　义
align	设置组件的对齐方式
create	设置为一个函数，返回组件作为插入的子组件

（续表）

参 数 名	意　义
padx	水平内间距
pady	垂直内间距
stretch	设置子组件的拉伸方式
window	设置子组件

与子组件操作相关的其他函数如表 4-10 所示。

表4-10　与子组件操作相关的其他函数

函 数 名	意　义
window_cget	获取某个子组件的配置信息
window_configure	对子组件进行配置
window_names	获取所有插入Text中的子组件

下面的函数用来进行索引的比较：

```
print text.compare(1.0,"<",END)
```

compare 函数将返回一个布尔值，这个函数的第 1 个参数和第 3 个参数设置两个索引，中间为比较方法，可以设置为 ">" "<" "==" ">=" "<=" 或 "!="。如果比较成立，则会返回布尔值真；否则返回布尔值假。

下面这个函数用来删除 Text 组件中的子组件或文本：

```
text.delete(2.0,2.1)
```

delete 中的两个参数决定删除的范围。

下面的方法可以让 Text 组件滚动到指定的位置：

```
text.see(1.0)
```

当 Text 组件中内容较多，超出 Text 组件本身的尺寸时（Text 组件支持水平和垂直方向的滚动），使用see方法可以让Text组件的指定位置滚动到可见区域内。

关于 Text 组件的滚动操作与添加滚动条部分的内容，我们在后面学习滚动条组件时会详细介绍。

扫码看视频

Label 组件的应用

4.2.7 标签 Label 组件的应用

Text 组件通常用来创建复杂的可编辑的富文本界面。对于只需要显示的简单文本，我们更多会选择采用 Label 组件。新建一个 Python 文件，将其命名为 labe.py，编写如下测试代码：

```
#coding:utf-8
from Tkinter import *
rootwindow = Tk()
label = Label(rootwindow)
# 设置显示的文本
label["text"] = " 你好啊，工程师！"
label["bg"] = '#ff00ff'
label["fg"] = '#0000ff'
# 显示图标和文本，设置图标位置
label["compound"] = 'left'
label["underline"] = 1
# 设置图标
label["bitmap"]='warning'
# 设置换行宽度
label["wraplength"] = 100
label.pack()
rootwindow.mainloop()
```

运行代码，效果如图 4-13 所示。

上面的代码使用到的 Label 组件属性中，compound 设置是否进行图标与文本的混合。默认情况下，如果设置了图标，文本就不再显示，可以设置这个属性来使文本和图标同时显示。这个属性的值决定图标的显示位置，可选设置有 left、right、top、bottom 和 center。underline 属性设置要添加下画线的文

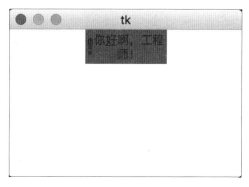

图 4-13 Label 组件效果图

本，其需要设置为字符的索引，从 0 开始计算。warplength 属性设置换行的最大宽度，即当文本宽度大于多少像素时进行换行显示。

除了上面使用到的属性外，Label 组件还支持一些基础的 UI 属性，如表 4-11 所示。但是需要注意，有些属性并不是在所有系统平台上都可以很好地表现。

表4-11 Label组件支持的基础UI属性

属 性 名	意 义
activebackground	激活状态的背景色
activeforeground	激活状态的前景色

（续表）

属 性 名	意 义
anchor	锚点位置
cursor	指针样式
disabledforeground	不可用状态的前景色
font	设置字体
height	设置行高，注意单位是行数
highlightbackground	设置高亮状态的背景色
Image	设置图像
justify	设置文本对齐方式
padx	设置水平内边距
pady	设置垂直内边距
relief	设置阴影样式
state	设置组件状态
width	设置组件宽度，注意单位为字长

4.2.8 消息 Message 组件的应用

Message 组件是比 Label 组件更加简单的一种用来显示文本的组件。Message 组件可以通过设置宽高比来使文本自动进行换行填充。新建一个 Python 文件，将其命名为 msg.py，编写如下测试代码：

```
#coding:utf-8
from Tkinter import *
rootwindow = Tk()
msg = Message(rootwindow)
msg["text"] = " 我是一个消息组件 "
msg["aspect"] = 200
msg["bg"] = "#ff00ff"
msg["fg"] = "#00ff00"
msg.pack()
rootwindow.mainloop()
```

运行代码，效果如图 4-14 所示。

图 4-14 Message 组件效果

aspect 属性用来设置组件的宽高比，如果设置为 100，则表示宽高比为 1:1；如果设置为 200，则表示宽是高的两倍。

Message 组件中其他常用属性如表 4-12 所示。

表4-12 Message组件中其他常用属性

属 性 名	意 义
bd	设置边框宽度
cursor	设置指针样式
font	设置字体
justify	设置文本对齐方式
padx	设置水平内边距
pady	设置垂直内边距
relief	设置阴影样式
width	设置组件宽度

4.2.9 输入框 Entry 组件的应用

很多应用程序都需要用户进行登录。在使用这些应用程序时，往往需要用户输入账户和密码。Tkinter 中的 Entry 组件提供了单行的文本输入功能，十分适合用于账户和密码输入框。

新建一个 Python 文件，将其命名为 ent.py，编写如下测试代码：

```
#coding:utf-8
from Tkinter import *
rootwindow = Tk()
entry = Entry(rootwindow)
```

```
entry.pack()
entry.insert(0,"HelloWorld")
label = Label(rootwindow)
label.pack()
def show():
    label["text"] = entry.get()
btn = Button(rootwindow,command=show,text = " 显示 ")
btn.pack()
rootwindow.mainloop()
```

上面我们创建了一个文本输入框，并且创建了一个按钮和标签组件，当用户单击按钮时，将文本框中的内容显示在标签上。效果如图 4-15 所示。

Entry 组件其他常用属性如表 4-13 所示。

图 4-15 Entry 组件的展示效果

表4-13 Entry组件其他常用属性

属 性 名	意 义
bg	设置背景色
bd	设置边框宽度
cursor	设置鼠标样式
fg	设置前景色
font	设置文本字体
insertbackground	设置光标的颜色
insertofftime	设置光标闪烁的隐藏时间，单位为毫秒
insertontime	设置光标闪烁的显示时间，单位为毫秒
insertwidth	设置光标的宽度
justify	设置对齐方式，如果设置为center，则文字居中；默认为left左对齐；如果设置为right，则为右对齐
readonlybackground	设置只读状态下的背景色
relief	设置阴影样式
selectbackground	设置选中背景色
selectborderwidth	设置选中边框宽度
selectforeground	设置选中前景色

（续表）

属性名	意义
show	设置文本显示的替代字符，例如有些密码框需要将输入的文本以密文显示，可以设置这个属性为 "*"
state	设置输入框状态
validate	这个属性用来设置文本输入有效性的校验模式，后面会介绍
validatecommand	这个属性用来设置文本输入有效性的校验函数，后面会介绍
width	设置宽度

Entry 组件常用方法如表 4-14 所示。

表4-14 Entry组件常用方法

方法名	意义
delete	传入两个索引参数，删除索引范围内的文本，例如delete(1,5)
get	获取当前Entry组件中的文本
icursor	将光标设置到指定位置
insert	在指定位置插入文本
select_clear	取消选中
select_from	传入一个索引参数，设置选中的起始位置
select_to	传入一个索引参数，设置选中的结束位置，通常和select_from结合使用
select_range	传入两个索引参数，直接设置选中某个范围
select_present	返回布尔值，获取是否有文本被选中

4.2.10 对 Entry 组件的输入有效性进行校验

很多情况下，输入框可输入的内容都会有一定的限制。例如，电话号码输入框、价格金额输入框等往往只允许输入数字。Tkinter 中的 Entry 组件也支持进行有效性校验，需要通过 validate 和 validatecommand 两个属性来配合实现。

validate 属性用来设置要进行有效性校验的时机，即在什么情况下对输入框中内容的有效性进行判断，可以配置的选项如表 4-15 所示。

扫码看视频

Entry 组件的校验功能

表4-15 可以配置的选项

可配置的值	意　义
focus	当输入框获取焦点或者失去焦点时进行校验
focusin	当输入框获取焦点时进行校验
focusout	当输入框失去焦点时进行校验
key	当输入框内容改变时进行校验
all	以上所有情况都进行校验
none	不进行校验

validatecommand属性用来设置进行校验的回调函数，当这个函数返回True时，表明本次校验通过，允许输入；当这个函数返回False时，表示校验失败，本次针对输入框文本的修改无效。示例代码如下：

```
#coding:utf-8
from Tkinter import *
rootwindow = Tk()
entry = Entry(rootwindow,name="name")
entry.pack()
entry["validate"] = "all"
def val(action,index,content,ori,res,name):
    print action,index,content,ori,res,name
    return False
func = rootwindow.register(val)
entry["validatecommand"] = (func,'%d','%i','%P','%s','%v','%W')
rootwindow.mainloop()
```

需要注意，我们在定义校验函数时，要使用register函数进行注册，这样做的目的是对原函数进行一层包装。在设置validatecommand属性时，可以设置一个元组对象，元组中的第1个元素为包装后的校验函数，元组中后面的元素可以按顺序设置标识符，标识符的作用是确定函数参数的顺序（意义），需要和自定义的回调函数参数相对应，如表4-16所示。

表4-16 标识符及其意义

标 识 符	意　义
%d	行为动作，0为删除操作，1为插入操作，-1为其他
%i	插入或删除操作时，这个参数会标明插入或删除的位置
%P	如果本次操作允许，则此参数为操作过多成后输入框的内容
%s	如果本次操作不允许，则此参数为操作完成后输入框的内容
%v	validate属性的值
%W	组件的名称

表 4-16 所列举的标识符的顺序和使用的个数没有严格的规定，只要和所定义的校验回调函数的参数个数和顺序一致即可。

4.2.11 可调整范围的输入组件 Spinbox 的应用

Spinbox 组件对 Entry 组件进行了扩展。回忆一下网购的经历，当我们在网上商城选购商品时，通常会有一个输入框让我们选择购买的数量。选择商品数量的输入框通常附带两个按钮，一个按钮的作用是增加商品数；另一个按钮的作用是减少商品数。Spinbox 就是这样一个组件，首先新建一个 Python 文件，命名为 spin.py，在其中编写如下测试代码：

```
#coding:utf-8
from Tkinter import *
rootwindow = Tk()
def callback():
    print sp.get()
sp = Spinbox(rootwindow,from_=0,to=100,increment=5,command=callback)
    sp.pack()
rootwindow.mainloop()
```

运行代码，效果如图 4-16 所示。

从图 4-16 中可以看出，Spinbox 组件自带两个功能按钮，用户操作按钮时可以改变文本框中值的 from_ 属性和 to 属性，可以设置文本框中值的起始值和结束值。increment 属性设置每次增加或者减小的步长。command 属性可以设置一个回调函数，当用户单击增加或者减小按钮时，此函数会执行。

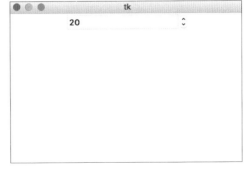

图 4-16 Spinbox 组件的效果

除了上面示例代码中使用到的属性，Spinbox 组件也支持更改组件样式的基础属性，如表 4-17 所示。

表4-17 组件样式的基础属性

属 性 名	意 义
activebackground	设置活跃状态的背景色
bg	设置输入框背景色
bd	设置边框宽度
buttonbackground	设置按钮背景色
buttoncursor	设置按钮的指针样式
buttondownrelief	设置按钮按下的阴影样式
buttonup	设置按钮抬起的阴影样式
cursor	设置指针样式
disabledbackground	设置禁用状态的背景色
disabledforeground	设置禁用状态的前景色
font	设置字体
fg	设置前景色
insertbackground	设置光标的背景色
insertborderwidth	设置光标的边框宽度
insertofftime	设置光标闪烁的隐藏时间，单位为毫秒
insertontime	设置光标闪烁的显示时间，单位为毫秒
insertwidth	设置光标宽度
justify	设置文本对齐方式
readonlybackground	设置只读状态的背景色
relief	设置阴影样式
repeatdelay	设置鼠标单击按钮不放时，多长时间后开始循环触发按钮方法，单位为毫秒
repeatinterval	设置鼠标单击按钮不放时，多长时间间隔触发一次按钮方法
state	设置组件状态，例如设置为readonly表示只读状态
value	对于可选元素个数确定的输入框，这个属性可以设置一个元组

一般情况下，Spinbox 只允许用户使用按钮进行操作，不允许用户直接进行输入。因此，我们可以将 state 属性设置为 readonly。有时需要选择的不仅仅是个数，还有商品尺码的选择、商品颜色的选择等，我们可以使用 values 属性来实现让用户在有限选项中选择的功能，例如：

```
#coding:utf-8
from Tkinter import *
rootwindow = Tk()
def callback():
    print sp.get()
sp = Spinbox(rootwindow,command=callback,state='readonly',values
=("big","middle","small"))
sp.pack()
rootwindow.mainloop()
```

4.3 丰富多彩的组件世界——深入学习 Tkinter 中的更多组件

Tkinter 是一个非常丰富的组件库，使用它可以创建出功能强大、样式优美的桌面软件。4.2 节我们已经叩开了 Tkinter 组件世界的大门，这一节我们继续前进，更加深入地学习 Tkinter 中的高级组件。

4.3.1 Menu 菜单组件的应用

菜单是一个完整的应用程序十分重要的部分。一般应用程序的所有功能都会在菜单中展现出来。Tkinter 中的 Menu 组件非常灵活，首先我们来看简单的二级菜单的配置方法。新建一个名为 men.py 的 Python 文件，在其中编写如下代码：

扫码看视频

Menu 组件的应用

```
#coding:utf-8
from Tkinter import *
rootwindow = Tk()
menuBar = Menu(rootwindow)
fileMenu = Menu(menuBar)
fileMenu.add_command(label=' 新建 ')
fileMenu.add_command(label=' 打开 ')
fileMenu.add_command(label=' 保存 ')
menuBar.add_cascade(menu=fileMenu,label=" 文件 ")
actionMenu = Menu(menuBar)
```

```
actionMenu.add_command(label=' 前进 ')
actionMenu.add_command(label=' 撤销 ')
actionMenu.add_command(label=' 拷贝 ')
actionMenu.add_command(label=' 粘贴 ')
actionMenu.add_command(label=' 剪切 ')
menuBar.add_cascade(menu=actionMenu,label=" 动作 ")
rootwindow.config(menu=menuBar)
rootwindow.mainloop()
```

上面的代码添加了两个主菜单项，分别命名为"文件"和"动作"。在每个一级菜单项中又各自添加了一些二级菜单项。运行代码，效果如图4-17所示。

图 4-17 简单的二级菜单样式

Menu 组件的 add_command 方法用来添加一个菜单功能按钮，后面我们会对其可配置的参数进行介绍；add_cascade 方法用来添加一个父级菜单。其实我们也可以创建三级、四级等任意层结构的菜单，例如：

```
#coding:utf-8
from Tkinter import *
rootwindow = Tk()
menuBar = Menu(rootwindow)
fileMenu = Menu(menuBar)
fileMenu.add_command(label=' 新建 ')
fileMenu.add_command(label=' 打开 ')
fileMenu.add_command(label=' 保存 ')
menuBar.add_cascade(menu=fileMenu,label=" 文件 ")
actionMenu = Menu(menuBar)
actionMenu.add_command(label=' 前进 ')
actionMenu.add_command(label=' 撤销 ')
actionMenu.add_command(label=' 拷贝 ')
actionMenu.add_command(label=' 粘贴 ')
actionMenu.add_command(label=' 剪切 ')
menuBar.add_cascade(menu=actionMenu,label=" 动作 ")
otherMenu = Menu(menuBar)
sMenu = Menu(otherMenu)
ssMenu = Menu(sMenu)
sMenu.add_cascade(menu=ssMenu,label=" 三级菜单 ")
```

```
ssMenu.add_command(label=" 功能 ")
otherMenu.add_cascade(menu=sMenu,label=" 二级菜单 ")
menuBar.add_cascade(menu=otherMenu,label=" 其他 ")
rootwindow.config(menu=menuBar)
rootwindow.mainloop()
```

运行代码，效果如图 4-18 所示。

图 4-18 多级菜单效果

Menu 组件可配置的属性如表 4-18 所示。

表4-18 Menu组件可配置的属性

属 性 名	意 义
activebackground	活跃状态的背景色
Activeborderwidth	活跃状态的边框宽度
activeforeground	活跃状态的前景色
bg	设置背景色
bd	设置边框宽度
cursor	设置鼠标样式
disabledforeground	设置不可用状态的背景色
font	设置字体
fg	设置前景色
Postcommand	设置回调函数当菜单弹出时调用
relief	设置阴影样式

每一个独立的 Menu 对象支持添加 5 种类型的子选项，使用 add_cascade 方法可以添加子菜单，使用 add_command 方法可以添加功能选项，使用 add_checkbutton 方法可以添加一个可多选的选项，使用 add_radiobutton 方法可以添加一个单选选项，使用 add_separator 方法可以向菜单中添加一条分割线。除了 add_separator 方法外，上面所提到的添加菜单项的方法中可配置的参数如表 4-19 所示。

表4-19 可配置的参数

参 数 名	意 义
accelerator	设置快捷键
activebackground	设置激活状态背景色

（续表）

参 数 名	意 义
activeforeground	设置激活状态前景色
background	设置背景色
bitmap	设置图标
command	设置触发方法
compound	设置是否混合展示图标和文本
font	设置字体
foreground	设置前景色
Image	设置图片
label	设置显示的文本
menu	如果添加当前菜单项作为父级菜单，则将这个属性设置为子菜单
offvalue	复选选项非选中时的值
onvalue	复选选项选中时的值
selectcolor	单选或复选选项选中时的颜色
selectimage	选中时的图片

Menu 组件的一些方法可以动态地向菜单中插入菜单项，如表 4-20 所示。

表4-20 可以动态向菜单中插入菜单项的方法

方 法 名	意 义
insert_cascade	插入一个子菜单，第1个参数为位置，后面的参数为配置选项
insert_checkbutton	插入一个复选项
insert_command	插入一个功能项
insert_radiobutton	插入一个单选项
insert_separator	插入一个分割线

4、3、2 菜单按钮 Menubutton 组件的应用

从名字就可以看出，Menubutton 组件是按钮组件与菜单组件的组合。在实际的应用中，Menubutton 也是一个十分常用的组件，例如很多应用中都有下拉菜单，当用户单击某个按钮后，弹出一个菜单供用户进行选择。

扫码看视频

Menubutton 组件的应用

创建一个新的 Python 文件，在其中编写如下测试代码：

```
#coding:utf-8
from Tkinter import *
rootwindow = Tk()
menuBtn = Menubutton(rootwindow,text=" 请选择 ")
menu = Menu(menuBtn)
def func1():
    menuBtn["text"] = " 选项 1"
def func2():
    menuBtn["text"] = " 选项 2"
def func3():
    menuBtn["text"] = " 选项 3"
menu.add_command(label=" 选项 1",command=func1)
menu.add_command(label=" 选项 2",command=func2)
subMenu = Menu(menu)
subMenu.add_command(label=" 选项 3",command=func3)
menu.add_cascade(menu=subMenu,label=" 子菜单 ")
menuBtn["menu"] = menu
menuBtn.pack()
rootwindow.mainloop()
```

上面的代码首先创建了一个
Menubutton 组件，其 menu 属性用来设
置绑定的菜单，需要将其设置为一个
Menu 菜单组件。我们创建了一个选择
列表，当用户选择某一项后，通过修改
Menubutton 组件的 text 属性来使用户
的选择显示在界面上。运行代码，效果
如图 4-19 所示。

图 4-19 Menubutton 组件的样式

Menubutton 支持常用的 UI 属性设置（这些属性在 OS X 系统下表现并不好），
如表 4-21 所示。

表4-21　常用的UI属性

属 性 名	意 义
activebackground	活跃状态背景色
activeforeground	活跃状态前景色
bg	设置背景色

（续表）

属 性 名	意 义
bd	设置边框宽度
bitmap	设置图标
compound	设置图标和文本是否混合显示
direction	设置菜单的弹出方向
disabledforeground	设置禁用状态的前景色
fg	设置前景色
font	设置字体
height	设置高度
image	设置图片
justify	设置对齐模式
relief	设置阴影模式
state	设置状态
width	设置宽度

4.3.3 简易的选择菜单 OptionMenu 组件的应用

OptionMenu 组件是一种更加易用的下拉选择菜单组件。虽然我们使用 Menubutton 可以实现相同的效果，但是 OptionMenu 将用户选择事件的逻辑处理进行了封装，我们在使用的时候更加方便简单，示例代码如下：

```
#coding:utf-8
from Tkinter import *
rootwindow = Tk()
strV = StringVar(value=" 黄 ")
op = OptionMenu(rootwindow,strV," 黄 "," 红 "," 蓝 ")
op.pack()
def pri():
    print strV.get()
btn = Button(text=" 打印 ",command=pri)
btn.pack()
rootwindow.mainloop()
```

需要注意，在 OptionMenu 的构造方法中，我们传入了一个 StringVar 对象，这个对象用来处理用户选择的值。初始化 StringVar 对象时，我们可以为下拉菜单设置一个初始值，之后当用户进行切换后，可以使用 get 方法获取用户当前选择的值。运行代码，效果如图 4-20 所示。

图 4-20 OptionMenu 组件的效果

4.3.4 复选框 Checkbutton 组件的应用

Checkbutton 组件也被称为复选框组件。其可以为用户提供一个多选的选项列表。例如，许多应用程序都可以进行配置项的自定义，这种场景下使用 Checkbutton 组件是一个很好的选择。

新建一个 Python 文件，在其中编写如下测试代码：

```
#coding:utf-8
from Tkinter import *
rootwindow = Tk()
var1 = IntVar(value=1)
var2 = IntVar(value=1)
def pri1():
    print var1.get()
def pri2():
    print var2.get()
checkb1 = Checkbutton(rootwindow,text=" 开启通知 ",
variable=var1,command=pri1)
checkb2 = Checkbutton(rootwindow,text=" 开启夜间模式 ",
variable=var2,command=pri2)
checkb1.pack()
checkb2.pack()
rootwindow.mainloop()
```

上面的代码创建了两个复选框。复选框是指每个选择框的选中状态互不影响。Checkbutton 的 variable 属性可以设置为 IntVar 对象，用来管理复选框的值。默认情况下，当选中状态时，复选框的值为 1；当未选中状态时，复选框的值为 0。运行代码，效果如图 4-21 所示。

Checkbutton 可配置的属性如表 4-22 所示。

图 4-21 Checkbutton 组件效果

表4-22 Checkbutton可配置的属性

属 性 名	意 义
activebackground	活跃状态的背景色
activeforeground	活跃状态的前景色
bg	设置背景色
bitmap	设置图标
bd	设置边框宽度
command	设置回调函数
compound	设置是否混合显示图标与文本
cursor	设置鼠标样式
disabledforeground	不可用状态的前景色
font	设置字体
fg	设置前景色
height	设置高度
image	设置图片
justify	设置对齐方式
offvalue	设置非选中状态复选框的值
onvalue	设置选中状态复选框的值
width	设置宽度

Cheakbutton 对象可以调用表 4-23 中的方法直接进行操作。

表4-23 可调用的方法

方 法 名	意 义
deselect	清除选中状态
invoke	直接通过代码调用绑定的回调函数

（续表）

方 法 名	意 义
select	直接设置组件为选中状态
toggle	切换组件的选中状态

Radiobutton 组件
的应用

4.3.5 单选框 Radiobutton 组件的应用

与 Checkbutton 组件对应，Radiobutton 组件用来创建单选框。被放入同一个组中的单选框组件有互斥的特点。如果某一个选项被选中，则其他选项会自动取消选中。示例如下：

```
#coding:utf-8
from Tkinter import *
rootwindow = Tk()
var = IntVar(value=1)
radio1 = Radiobutton(rootwindow,text=" 男 ",variable=IntVar,
value=1)
radio2 = Radiobutton(rootwindow,text=" 女 ",variable=IntVar,
value=2)
radio1.pack()
radio2.pack()
rootwindow.mainloop()
```

需要注意，如上面的代码所示，共用同一个 IntVar 对象的单选框会被放入同一个组中，如果不设置 Radiobutton 的 variable 属性，则这个 Radiobutton 组件会自成一组，但这是没有意义的。运行代码，效果如图 4-22 所示。

图 4-22 Radiobutton 组件效果

与 Checkbutton 组件一样，Radiobutton 对象也可以直接调用 deselect 方法来清除选中状态，调用 invoke 方法来直接触发绑定的回调函数，调用 select 方法来设置选中状态。Radiobutton 可配置的属性与 Checkbutton 基本一致，我们可以使用这些属性来自定义其展示的 UI 效果。

4.3.6 滑块 Scale 组件的应用

Scale 组件是 Tkinter 中非常小巧的一种组件，却非常实用。其界面展现为一个滑动条和一个滑块。当用户使用滑块进行滑动时，会调节 Scale 组件的值。当需要进行范围内值调节的时候，常常可以使用 Scale 组件来实现，比如调节音视频的音量、调节屏幕的明暗等。

扫码看视频
Scale 组件的应用
视频

创建一个新的 Python 文件，在其中编写如下代码：

```
#coding:utf-8
from Tkinter import *
rootwindow = Tk()
def pri(obj):
    print obj
scale = Scale(rootwindow,command=pri,orient=HORIZONTAL)
scale.pack()
rootwindow.mainloop()
```

运行代码，效果如图 4-23 所示。

上面的代码中，Scale 组件的 orient 属性设置组件的布局方向。若设置为 HORIZONTAL，则为水平布局，滑块可以在水平方向进行调节；若设置为 VERTICAL，则为垂直方向布局。Scale 组件绑定的 command 回调方法会在用户调节组件的值时被调用，并且其中默认传入 Scale 组件当前的值。

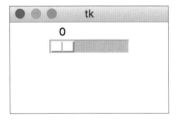

图 4-23 Scale 组件的效果

可以调用 Scale 组件的 set 方法用代码来设置 Scale 组件的值，例如：

```
scale.set(10)
```

Scale 组件中的常用属性如表 4-24 所示。

表4-24 Scale组件中的常用属性

属 性 名	意 义
activebackground	激活状态背景色
bg	设置背景色

（续表）

属 性 名	意 义
bd	设置边框宽度
font	设置字体
fg	设置前景色
from_	设置起始值
to	设置终止值
label	设置标题
sliderlength	设置滑块长度
tickinterval	设置刻度
width	设置组件宽度
length	设置组件长度

 ### 4.3.7 滚动条 Scrollbar 组件的应用

你是否记得我们前面学习的 Text 组件？Text 组件用来显示多行文本，当文本非常多，超出 Text 组件本身尺寸的范围时，Text 组件可以自适应地支持滚动操作。配合使用 Scrollbar 组件，我们可以为 Text 组件添加滚动条。

新建一个 Python 文件，在其中编写如下示例代码：

```
#coding:utf-8
from Tkinter import *
rootwindow = Tk()
scrollbar = Scrollbar(rootwindow,orient=VERTICAL)
text = Text(rootwindow,width=20,height=10,yscrollcommand=scrollbar.set)
scrollbar.pack(side = RIGHT,fill = Y)
text.pack()
rootwindow.mainloop()
```

上面的代码中，我们创建了一个 Scrollbar 组件，并将其设置为垂直方向的滚动布局，在调用 pack 方法对滚动条进行布局时，我们设置了一些参数，将滚动条布局在界面的最右边并且充满整个垂直方向。Text 组件的 yscrollcommand 属性用来进行滚动条的联动，即当 Text 组件内容进行滚动时，滚动条会滚动到相应的位置。运行代码，效果如图 4-24 所示。

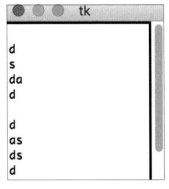

你一定注意到了，运行上面的代码后，当 Text 组件进行内容滚动时，滚动条会配合进行联动，但若直接操作滚动条，则 Text 组件的内容不会发生滚动。要让 Text 组件随着 Scrollbar 的滚动进行联动，需要设置 Scrollbar 对象的 command 属性，示例如下：

图 4-24 Scrollbar 组件的效果

```
#coding:utf-8
from Tkinter import *
rootwindow = Tk()
scrollbar = Scrollbar(rootwindow,orient=VERTICAL)
text = Text(rootwindow,width=20,height=10,yscrollcommand=scrollbar.set)
scrollbar.pack(side = RIGHT,fill = Y)
scrollbar["command"] = text.yview
text.pack()
rootwindow.mainloop()
```

Scrollbar 组件的其他常用属性如表 4-25 所示。

表4-25 Scrollbar组件的其他常用属性

属 性 名	意 义
activebackground	活跃状态背景色
activerelief	活跃状态的阴影样式
bg	设置背景色
bd	设置边框宽度
cursor	设置鼠标样式
width	设置组件宽度

4.3.8 列表 Listbox 组件的应用

列表是软件开发中常用的一个 UI 组件。回忆一下，我们几乎使用的所有软件都离不开列表视图，例如播放器软件的节目单、游戏软件的游戏列表、日历软件的日期列表等。在 Tkinter 中，使用 Listbox 组件来创建列表。

创建一个新的 Python 文件，编写测试代码如下：

```
#coding:utf-8
from Tkinter import *
rootwindow = Tk()
list = Listbox(rootwindow)
list.pack()
data = [" 三国战纪 "," 恐龙快打 ",
" 超级玛丽 "," 棒球先生 "," 熊大熊二 "]
for x in range(0,5):
    list.insert(x,data[x])
rootwindow.mainloop()
```

列表 Listbox 组件的应用

上面的代码创建了一个简单的列表，列表上显示 data 数组中的数据，Listbox 对象的 insert 方法用来向列表中插入数据，这个方法中第 1 个参数为要插入数据的位置，第 2 个参数为具体的数据。运行代码，效果如图 4-25 所示。

配置 Listbox 对象的 activestyle 属性来设置所激活行的渲染风格，若设置为 underline，则是带下画线的渲染风格；若设置为 dotbox，则是带虚线边框的渲染风格；若设置为 none，则没有任何特殊效果。

图 4-25 Listbox 组件的效果

Listbox 组件的 selectmode 属性可以设置选中模式，默认为 browse 模式，这种模式下，用户只能进行单选，当鼠标在列表上拖曳时，选中位置会随鼠标而移动。single 模式为基本的单选模式，这种模式下，用户只可以进行单选，并且不会随鼠标拖曳而受影响。multiple 模式为多选模式，这种模式下用户可以选中多行。extended 模式也是一种多选模式，这种模式下，当鼠标拖曳时，会选中从鼠标起始点到结束点覆盖的所有行。

Listbox 组件支持基础的 UI 属性的配置，例如背景色、前景色、宽度和高度等，这些属性的使用前面已经介绍过多次，这里不再重复。

Listbox 组件支持对单独某一行进行特殊的配置，使用如下方法：

```
#coding:utf-8
from Tkinter import *
rootwindow = Tk()
```

```
list = Listbox(rootwindow,activestyle='dotbox',selectmode="exten
ded")
list.pack()
data = [" 三国战纪 "," 恐龙快打 "," 超级玛丽 "," 棒球先生 "," 熊大熊二 "]
for x in range(0,5):
    list.insert(x,data[x])
list.itemconfig(0,background="#ff0000",foreground="#0000ff",selectb
ackground="#00ff00",selectforeground="#000000")
rootwindow.mainloop()
```

运行代码，效果如图 4-26 所示。

与 itemconfig 方法对应，使用 itemcget 方法可以获取某行的配置项，例如：

```
print list.itemcget(0,'background')
```

与 insert 方法对应，使用 delete 方法可以进行数据的删除，例如：

```
list.delete(1)# 删除某一行
list.delete(1,2)# 删除范围内的行
```

图 4-26 单独配置某个列表项的样式

同样，Listbox 组件也支持与 Scrollbar 进行联动，示例代码如下：

```
#coding:utf-8
from Tkinter import *
rootwindow = Tk()
scrollbar = Scrollbar(rootwindow)
scrollbar.pack(side=RIGHT,fill=Y)
list = Listbox(rootwindow,activestyle='dotbox',selectmode="exten
ded",yscrollcommand=scrollbar.set)
list.pack()
scrollbar["command"] = list.yview
data = [" 三国战纪 "," 三国战纪 "," 三国战纪 "," 三国战纪 "," 恐龙快打 "," 超
级玛丽 "," 棒球先生 "," 熊大熊二 "," 熊大熊二 "," 熊大熊二 "," 熊大熊二 "," 熊大熊二 "]
for x in range(0,len(data)):
    list.insert(x,data[x])
list.itemconfig(0,background="#ff0000",foreground="#0000ff",selectb
ackground="#00ff00",selectforeground="#000000")
print list.itemcget(0,'background')
rootwindow.mainloop()
```

4.3.9 画布 Canvas 组件的应用

Canvas 组件是 Tkinter 中最灵活的一个界面组件,它就像一个画布,允许开发者绘制任意自定义的图形。

首先,使用 Canvas 组件可以十分轻松地绘制出弧形形状,例如:

```
#coding:utf-8
from Tkinter import *
rootwindow = Tk()
canvas = Canvas(rootwindow,width=200,height=200,bg="#aaaaaa")
canvas.create_arc(10,10,100,100,dash=5,fill="#ff0000",outline="#00
ff00",start="45",style=PIESLICE,width=5)
canvas.pack()
rootwindow.mainloop()
```

运行代码,效果如图 4-27 所示。

图 4-27 进行弧形绘制

Canvas 对象调用 create_arc 方法可以绘制弧形,这个方法中的前两个参数为弧形左上角的横纵坐标,第 3 个和第 4 个参数为弧形右下角的横纵坐标。后面的参数为配置属性参数,dash 属性设置变宽虚线的虚线段长度;fill 属性设置图形的填充颜色;outline 属性设置变宽的颜色;start 属性设置弧形的起始角度;width 属性设置边框的宽度;style 属性设置渲染的风格,如果设置为 PIESLICE,则会绘制完整的扇形,如果设置为 CHORD,则会绘制闭合的弧形,如果设置为 ARC,则只会绘制弧线段。

下面的方法演示了使用 Canvas 进行线段的绘制。

```
#coding:utf-8
from Tkinter import *
rootwindow = Tk()
canvas = Canvas(rootwindow,width=200,height=200,bg="#aaaaaa")
canvas.create_line(10,10,100,10,100,50,60,80,arrow=LAST,fill="#ff0
000",width=3)
canvas.pack()
rootwindow.mainloop()
```

运行代码，效果如图 4-28 所示。

Canvas 对象的 create_line 方法用来绘制线段。这个方法中可以添加任意个数点的坐标，绘制时会将这个点进行连接，arrow 属性设置是否显示方向箭头，如果不设置这个属性，则默认不显示箭头，如果设置为 LAST，则由线段末尾显示箭头，如果设置为 FIRST，则会在线段的起点显示箭头，如果设置为 BOTH，则双向都会显示箭头；fill 属性设置线段的绘制颜色；width 属性设置线段的宽度。

下面的方法演示了使用 Canvas 进行矩形的绘制。

```
#coding:utf-8
from Tkinter import *
rootwindow = Tk()
canvas = Canvas(rootwindow,width=200,height=200,bg="#aaaaaa")
canvas.create_rectangle(10,10,150,100,fill="#ff00ff",outline="#00ff0
0",width=5)
canvas.pack()
rootwindow.mainloop()
```

运行代码，效果如图 4-29 所示。

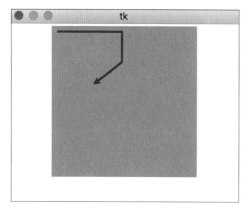

图 4-28 Canvas 进行线段绘制

图 4-29 Canvas 进行矩形绘制

与矩形绘制类似，下面演示多边形的绘制。

```
#coding:utf-8
from Tkinter import *
rootwindow = Tk()
canvas = Canvas(rootwindow,width=200,height=200,bg="#aaaaaa")
canvas.create_polygon(10,10,30,10,60,30,50,80,100,100,fill="#ff000
0",outline="#00ff00",width=3)
canvas.pack()
rootwindow.mainloop()
```

运行代码，效果如图 4-30 所示。

下面演示使用 Canvas 进行圆形或椭圆形的绘制。

```
#coding:utf-8
from Tkinter import *
rootwindow = Tk()
canvas = Canvas(rootwindow,width=200,height=200,bg="#aaaaaa")
canvas.create_oval(10,10,80,100,fill="#00ff00",outline="#ff0000",wi
dth=5)
canvas.pack()
rootwindow.mainloop()
```

运行代码，效果如图 4-31 所示。

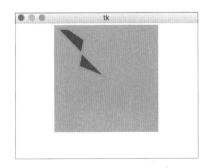

图 4-30 Canvas 进行多边形绘制

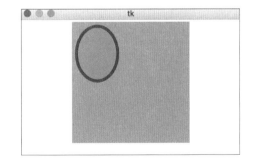

图 4-31 Canvas 进行椭圆形绘制

creaete_oval 方法的前 4 个参数决定绘制的椭圆左上角与右下角的位置。Canvas 也可以进行文字及图像的绘制。绘制文字的方法如下：

```
#coding:utf-8
from Tkinter import *
rootwindow = Tk()
canvas = Canvas(rootwindow,width=200,height=200,bg="#aaaaaa")
canvas.create_text(100,10,fill='#ff00ff',text="HelloWorld")
```

```
canvas.pack()
rootwindow.mainloop()
```

运行代码，效果如图 4-32 所示。

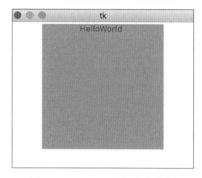

图 4-32 Canvas 进行文字绘制

下面演示 Canvas 进行图标和图片的绘制方法。

```
#coding:utf-8
from Tkinter import *
rootwindow = Tk()
canvas = Canvas(rootwindow,width=1000,height=1000,bg="#aaaaaa")
canvas.create_bitmap(100,10,bitmap="question")
img = PhotoImage(file='./img.gif')
canvas.create_image(500,500,image=img)
canvas.pack()
rootwindow.mainloop()
```

通过使用 Canvas 组件，我们可以绘制更多复杂的界面组件，也可以封装自己定制化的界面组件。

4、3、10 顶级窗口 Toplevel 组件的应用

谈到窗口，其实我们一直在使用，还记得
rootwindow 吧，我们前面学习的所有组件示例中
几乎都使用到了它。很多时候，单窗口并不能满
足我们的需求，这时就可以使用 Toplevel 组件来
创建独立的顶级窗口。示例代码如下：

Toplevel 组件的
应用

```
#coding:utf-8
from Tkinter import *
rootwindow = Tk()
def pop():
```

```
    top = Toplevel(rootwindow)
    top.title(" 新窗口 ")
    msg = Message(top,text="HelloWorld")
    msg.pack()
btn = Button(text=" 弹出窗口 ",command=pop)
btn.pack()
rootwindow.mainloop()
```

运行代码，单击窗口上的按钮，效果如图 4-33 所示。

其实使用 Toplevel 组件和使用 Tk 函数创建的窗口几乎一模一样，我们也可以为其设置菜单，向其内部添加任意的视图组件等。默认情况下，我们创建的窗口都是允许用户对其进行尺寸的调整的。可以使用如下方法控制是否开启此功能：

图 4-33 Toplevel 组件的渲染效果

```
top.resizable(width=False,height=False)
```

4.4 包装的魅力——Tkinter 中的容器组件

前面我们已经学习了很多 Tkinter 中的独立组件，相信现在的你开发简单的程序界面一定不在话下。对于更加复杂的界面，我们需要使用 Tkinter 中的容器组件，即将简单的组件进行包装，将复杂界面进行分割独立开发。

4.4.1 容器框架 Frame 组件的应用

Frame 组件更多在布局复杂界面时用到。简单地理解，Frame 组件其实是一个容器，其作用是可以独立地在其内部进行组件的布局。当我们后面学习了 Tkinter 的组件布局体系后，你就更容易理解 Frame 组件的应用场景了。

Frame 组件可以将窗口分为多个部分，示例代码如下：

```
#coding:utf-8
from Tkinter import *
rootwindow = Tk()
frame1 = Frame(rootwindow,bg="#ff0000",height=200,width=200)
frame1.pack_propagate(0)#Frame 尺寸不随内部布局改变
msg1 = Message(frame1,text="Hello",width=100)
msg1.pack()
frame2 = Frame(rootwindow,bg="#0000ff",height=200,width=200)
frame2.pack_propagate(0)#Frame 尺寸不随内部布局改变
msg2 = Message(frame2,text="World",width=100)
msg2.pack()
frame1.pack()
frame2.pack()
rootwindow.mainloop()
```

上面的代码中，调用 pack_propagate 函数的作用是约束 Frame 组件的尺寸为我们设置的尺寸，否则 Frame 组件的尺寸会随内部布局组件的尺寸变化而变化。如上面的代码所示，我们相当于将窗口分为上下两部分，每个部分可以独立地在其内部进行子组件的布局。运行代码，效果如图 4-34 所示。

Frame 框架组件支持配置的基础属性如表 4-26 所示。

图 4-34 使用 Frame 组件对窗口
进行组织

表4-26 Frame框架组件支持配置的基础属性

属 性 名	意 义
bd	设置边框宽度
bg	设置背景色
cursor	设置鼠标样式
height	设置高度
padx	设置水平内边距
pady	设置垂直内边距
relief	设置阴影样式
width	设置宽度

4.4.2 窗格框架 PanedWindow 组件的应用

PanedWindow 组件是一个容器组件，其与 Frame 组件的使用场景有些相似，但是 PanedWindow 组件自己管理其中子组件的布局，它会对加入内部的每一个子组件都生成一个网格，并且允许用户自己调整网格的尺寸。示例代码如下：

```
#coding:utf-8
from Tkinter import *
rootwindow = Tk()
paned = PanedWindow(rootwindow,width=200,height=200,bg="#ff0000")
label = Label(paned,text="hello world")
label2 = Label(paned,text="hello world")
paned.add(label)
paned.add(label2)
paned.pack()
rootwindow.mainloop()
```

需要注意，PanedWindow 中的子组件需要手动调用 add 方法进行添加，运行效果如图 4-35 所示。

从图 4-35 中可以看出，我们添加到 PanedWindow 组件中的两个 Label 组件进行了水平布局，并且中间有一条分割线，用户可以通过拖曳分割线来自定义两部分的尺寸。

我们再来看 PanedWindow 组件的 add 方法，这个方法第 1 个参数为要布局的子组件，后面还可以添加许多配置参数，如表 4-27 所示。

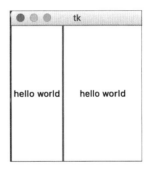

图 4-35 使用 PanedWindow 组件进行布局

表4-27 PanedWindow组件可添加的配置参数

参 数 名	意 义
after	默认情况下，使用add函数添加的子组件将加入PanedWindow的最后，也可以设置这个参数为一个已经加入PanedWindow中的组件来将新组件插入指定位置
before	用法同after，将新组件插入指定组件前面
height	设置子组件高度

（续表）

参 数 名	意 义
minisize	设置子组件的最小尺寸，如果是水平布局的，则此最小尺寸为最小宽度；如果是垂直布局的，则此最小尺寸为最小高度
padx	设置水平内边距
pady	设置垂直内边距
sticky	设置布局位置
width	设置宽度

上面的示例 PanedWindow 是水平进行布局的，也可以设置为垂直布局，需要设置 orient 属性为 VERTACAL，这个属性默认为 HORIZONTAL，即水平布局。

PanedWindow 组件中其他常用的方法列举如表 4-28 所示。

表4-28 PanedWindow组件中其他常用的方法

方 法 名	意 义
forget	传入一个组件参数，将此组件从框架中移除
remove	作用同forget
paneconfig	第1个参数为子组件，后面为配置参数，可配置项与add方法中的可配置项相同，对子组件进行配置
panecget	第1个参数为子组件，第2个参数为配置项名，获取子组件的某个配置信息
panes	获取所有子组件列表

4、4、3 标签框架 LabelFrame 组件的应用

LabelFrame 是一种容器组件，其和 Frame 的用法基本一致，只是其自带一个描述标签。示例代码如下：

```
#coding:utf-8
from Tkinter import *
rootwindow = Tk()
labelframe = LabelFrame(rootwindow,labelanchor='nw',text=" 按钮组 ")
button1 = Button(labelframe,text=" 按钮 1",width=10)
button2 = Button(labelframe,text=" 按钮 2",width=10)
button1.pack()
button2.pack()
labelframe.pack()
rootwindow.mainloop()
```

扫码看视频
LabelFrame 组件的应用

运行代码，效果如图 4-36 所示。

LabelFrame 组件的 labelanchor 属性用来设置标签的显示位置，定义如图 4-37 所示。

图 4-36 LabelFrame 组件的效果

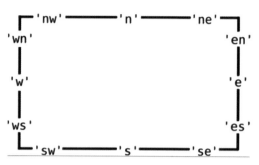

图 4-37 标签显示位置控制

4.5 随心所欲的摆布界面——Tkinter 中的布局管理器

本节将学习 Tkinter 中的布局管理体系。在之前的演示代码中，我们最常使用的是 pack 方法来对组件进行布局，在 Tkinter 中，pack 是最基础的一种布局管理器，本节还将介绍其他更加强大易用的布局管理器。

学习完本节的内容，你就可以真正随心所欲地调整你的程序界面了。

 4.5.1 包布局管理器 pack 的应用

pack 包布局管理器的应用

pack 是 Tkinter 中的包布局管理器。包布局的使用方式非常简单，你可以将它想象为一个弹性的盒子，子组件依次线性地放入盒子中，盒子的大小会被子组件撑大，例如：

```
#coding:utf-8
from Tkinter import *
rootwindow = Tk()
for x in xrange(1,10):
```

```
    label = Label(rootwindow,text=" 第 %d 行数据 "%x,width=10,heigh
t=2,bg="#ff0000")
    label.pack()
rootwindow.mainloop()
```

运行代码，效果如图 4-38 所示。

当界面启动时，可以看到初始的窗口界面尺寸就是 10 个标签从上到下线性布局合并在一起的尺寸。如果用户对窗口大小进行调整，实际上其内的 Label 组件的尺寸并不会变化，如图 4-39 所示。

图 4-38 pack 基础布局效果　　　　　　　　　图 4-39 调整窗口尺寸后的基础 pack 布局效果

其实在进行 pack 布局时，我们设置 fill 参数来控制子组件的填充方式。例如，上面的代码修改如下，当用户调整窗口尺寸时，Label 组件的宽度始终充满窗口：

```
#coding:utf-8
from Tkinter import *
rootwindow = Tk()
for x in xrange(1,10):
    label = Label(rootwindow,text=" 第 %d 行数据 "%x,width=10,heigh
t=2,bg="#ff0000")
    label.pack(fill=X)
rootwindow.mainloop()
```

若 fill 参数设置为 X，则表示水平方向充满父容器；若 fill 参数设置为 Y，则表示垂直方向充满父容器；也可以设置为 BOTH，表示水平和垂直方向都充满父容器。更多时候，fill 参数会和 expand 参数配合使用。在 pack 布局模式下，子组

件的布局方向通常被称为主轴，与主轴垂直的方向
被称为次轴，如图 4-40 所示。

　　如果只配置 fill 参数，实际上主要是针对次轴
起作用，主轴上的布局会受到子组件本身尺寸的影
响。expand 参数设置主轴方向的扩展模式，如果设
置为 0，则主轴方向上子组件的尺寸不会随父容器
的扩展而扩展；如果设置为 1，则主轴上的子组件
尺寸会随着父容器的扩展而扩展（同时 fill 属性需
要设置为 Y 或 BOTH）。

　　pack 方法通过配置 side 参数可以设置布局的位
置，可设置为 TOP、BOTTOM、LEFT 或 RIGHT，
示例代码如下：

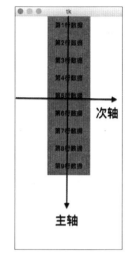

图 4-40　pack 布局的主轴与次轴

```
#coding:utf-8
from Tkinter import *
rootwindow = Tk()
ori = [TOP,BOTTOM,LEFT,RIGHT]
for x in xrange(1,10):
    label = Label(rootwindow,text=" 第 %d 行数据 "%x,width=10,heigh
t=2,bg="#ff0000")
    label.pack(side=ori[(x-1)%4],fill=BOTH,expand=1)
rootwindow.mainloop()
```

运行工程，效果如图 4-41 所示。

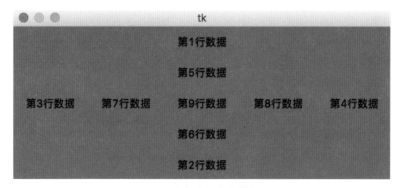

图 4-41　进行布局方位的设置

　　其他与包布局相关的方法如表 4-29 所示。

表4-29 其他与包布局相关的方法

方 法 名	意 义
pack_forget	将组件从父容器中移除
pack_info	获取包布局配置字典
pack_propagate	设置父容器是否随子组件尺寸的更改而更改，若设置为1，则允许更改，若设置为0，则不允许更改，这个方法需要父容器调用

4.5.2 位置布局管理器 place 的应用

位置布局管理器使用起来更加自由，但是并不方便。一般情况下，如果你需要布局的界面子组件有重叠，或者需要极端精准地确定位置，就可以使用位置布局管理器来进行子组件的布局。

位置布局管理器的布局方式有两种，一种是绝对布局；另一种是相对布局。对于绝对布局，我们需要明确指定要布局的组件的横坐标和纵坐标。如果使用相对布局，则需要制定子组件针对父容器的宽度比、高度比、横纵的坐标比等。示例代码如下：

```
#coding:utf-8
from Tkinter import *
rootwindow = Tk()
label = Label(rootwindow,text="hello",width=8,height=2,bg="#
ff0000")
label.place(x=0, y=0, anchor=NW)     # 以组件左上角为锚点，绝对布局
label2 = Label(rootwindow,text="World",width=6,height=1,bg="#00
ff00")
label2.place(x=40,y=10)       # 以组件左上角为锚点，绝对布局
label3 = Label(rootwindow,text="HelloWorld",bg="#0000ff")
label3.place(relx=0.5,rely=0.5,relwidth=0.5,relheight=0.5,anchor
=CENTER)     # 以组件中心为锚点，相对布局
rootwindow.mainloop()
```

运行工程，效果如图 4-42 所示。

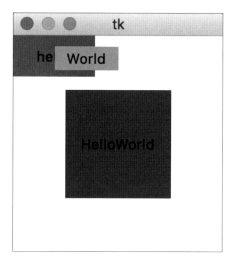

如图 4-42 所示，红色 Label 组件和绿色 Label 组件采用的是绝对的位置布局，它们都有着绝对的宽度、高度和位置，因为绿色 Label 组件比红色 Label 组件后添加，因此它会覆盖在红色组件上面。蓝色组件采用的是相对的位置布局，其宽度是父容器宽度的一半，高度也是父容器高度的一半，并且位置在父容器的中心。对于相对布局的组件，如果父容器的尺寸有修改，子组件的位置大小就会相对修正，十分方便。

图 4-42 进行 place 位置布局

还有一点需要注意，就是 place 方法中的 anchor 参数，这个参数决定以子组件的哪一个位置作为布局的参照点，即锚点。定义如表 4-30 所示。

表4-30 锚点值及其意义

锚 点 值	意 义
NW	组件的西北角
N	组件的北边中心
NE	组件的东北角
W	组件的西边中心
E	组件的东边中心
SW	组件的西南角
S	组件的西边中心
SE	组件的东南角
CENTER	组件的中心点

锚点示意图如图 4-43 所示。

使用 place 方法布局的组件也可以调用 place_forget 方法进行移除。

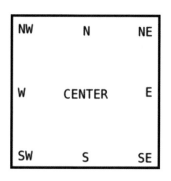

图 4-43 锚点示意图

4.5.3 网格布局管理器 gird 的应用

网格布局管理器是 Tkinter 中强大且方便的布局管理器。我们前面学习包布局管理器时知道，线性布局中使用包布局非常方便，但若一个界面中既有水平方向的排列布局又有竖直方向的排列布局，则需要借助额外的 Frame 框架来规划界面。使用网格布局管理器可以十分方便地使用网格的方式对界面进行划分和布局。

扫码看视频

网格布局管理器 gird 的应用

在进行网格布局时，我们可以将界面划分成任意行和任意列，之后只需要将组件放入其所在的网格即可。示例代码如下：

```
#coding:utf-8
from Tkinter import *
rootwindow = Tk()
label = Label(text=" 姓名 ",bg="#ff0000")
label.grid(column=0,row=0)# 第一行第一列
label2 = Label(text=" 电话 ",bg="#ff0000")
label2.grid(column=0,row=1)# 第二行第一列
entry = Entry(rootwindow)
entry.grid(column=1,row=0)# 第一行第二列
entry2 = Entry(rootwindow)
entry2.grid(column=1,row=1)# 第二行第二列
label3 = Label(rootwindow,bg="#00ff00",text=" 公告 ",height=4,
width=6)
    label3.grid(row=0,column=3,rowspan=2)# 第一行第三列，占据两行网格
rootwindow.mainloop()
```

上面的代码模拟了一个信息输入的表格界面，运行效果如图 4-44 所示。

为了便于观察，我们将 Label 组件都添加了背景色。从图 4-44 中可以清晰地看到，组件的布局严格地按照我们划分的网格进行布局。需要注意，rowspan 参数可以设置组件布局所占据的行数，与之对应，columnspan 参数用来设置组件布局所占据的列数，行和列的宽度或高度会受到此行或者此列尺寸最大的组件的影响。例如，将显示"姓名"的 Label 组件修改如下：

```
label = Label(text=" 姓名 ",bg="#ff0000",width=10)
```

再次运行代码，效果如图 4-45 所示。

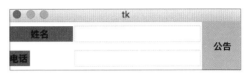

图 4-44 网格布局效果　　　　　图 4-45 行列尺寸约束

从图 4-45 可以看出，如果组件的
尺寸没有网格的尺寸大，默认组件就会
居中显示。我们也可以设置 sticky 参数
来设置其对齐方式，例如设置为 W，
则表示居左对齐，效果如图 4-46 所示。

图 4-46 对齐方式设置

sticky 可设置的值有 S、N、E、W 或者 NW、NE、SW、SE。其意义和图 4-43
的锚点示意图一致。

4.6 和程序对话——使用 Tkinter 进行用户交互

Button 相关组件是最简单的用户组件，我们可以通过设置 command 属性来为
其添加一个单击事件，当按钮被用户单击时可以执行我们定义好的回调函数。其
实在 Tkinter 库中，可以进行用户交互的事件有很多种，比如键盘的输入，鼠标的
单击、移动、拖曳等。并且大部分组件都可以进行用户事件的绑定。举个例子，
我们可以让 Label 组件接收用户的键盘输入交互或者 Canvas 组件自定义一个按钮
接收用户的单击事件。

4.6.1 进行事件绑定

在 Tkinter 中，任何界面组件都可以调用
bind 方法来进行事件的绑定。示例如下：

```
#coding:utf-8
from Tkinter import *
rootwindow = Tk()
label = Label(rootwindow,text="Hello
World",width=10,height=3,bg="#ff0000")
def pri(event):
    print "Label Event:"
```

```
        print event.type
label.bind('<Button-1>',pri)
label.pack()
rootwindow.mainloop()
```

上面的代码在窗口中创建了一个 Label 组件。运行代码，在 Label 组件上单击，可以看到执行 pri 回调函数所打印的信息。下面解释一下 bind 方法的用法。一般情况下，我们使用组件调用这个方法时会传入两个参数，其中第 1 个参数决定要绑定的事件，第 2 个参数为事件触发的回调函数。与 bind 方法对应的还有一个 unbind 方法，用来解除某个事件绑定。

再来看事件绑定方法 bind 中的第 1 个参数，这个参数是一个字符串，但是这个字符串需要固定的格式，用来描述具体是什么事件。格式定义如下：

<[修饰字段] – 事件类型 –[内容字段]>

其中，事件类型是最重要的字段，这部分决定具体是什么样的事件，例如鼠标事件、键盘事件等。修饰字段和内容字段是选填项，根据不同的事件类型，这两个字段的取值也不同，如果是键盘事件，修饰字段为控制键（如 Control），内容字段为键盘按键；如果是鼠标事件，内容字段可以设置为左键、右键或者中键。

4.6.2 事件的类型、修饰字段与内容字段

Tkinter 中定义了丰富的事件类型，常用的事件类型如表 4-31 所示。

表4-31 常用的事件类型

类 型 名	编 号	意 义
Activate	36	当组件获取焦点时触发事件
Button	4	鼠标按钮按下时触发事件
ButtonRelease	5	鼠标按钮抬起时触发事件
Configure	22	组件配置修改事件

（续表）

类 型 名	编 号	意 义
Deactivate	37	当组件失去焦点时触发事件
Destroy	17	当组件销毁时触发事件
Enter	7	当用户将鼠标移动到组件上时触发事件
Expose	12	当组件被其他窗口覆盖时触发事件
FocusIn	9	获取输入焦点时触发事件
FocusOut	10	移除输入焦点时触发事件
KeyPress	2	键盘按键按下时触发事件
KeyRelease	3	键盘按键抬起时触发事件
Leave	8	鼠标从组件上移出时触发事件
Motion	6	鼠标移入组件时触发事件

关于事件的修饰字段，其实很好理解，其用来确定在什么场景下触发事件，如表 4-32 所示。

表4-32 事件的修饰符及其意义

修 饰 符	意 义
Alt	按住Alt按键来触发事件
Any	触发指定类型的所有事件，比如<Any-KeyPress>表示触发所有键盘按键事件
Control	按住Control键来触发事件
Double	双击修饰
Lock	按住Shift+Lock按键来触发事件
Shift	按住Shift按键来触发事件
Triple	三击修饰

内容字段则是用来描述事件的内容，如果是鼠标事件，内容字段可以设置为 1、2 或 3。1 表示鼠标左键，2 表示鼠标中键，3 表示鼠标右键。例如下面的格式定义双击鼠标左键事件：

```
<Double-Button-1>
```

如果是键盘类型的事件，则内容用来描述用户敲击的键，比如 h 表示小写字母 h 键，H 表示大写字母 H 键，格式如下：

```
<KeyPress-H>
```

除了 26 个字母外，键盘上还有一些特殊的键，这些键的名字定义如表 4-33 所示。

表4-33 特殊键的定义

键 名	编 码	意 义
Alt_L	64	左Alt键
Alt_R	113	右Alt键
BackSpace	22	空格键
Cancel	110	Break键
Caps_Lock	66	Caps Lock键
Control_L	37	左Control键
Control_R	109	右Control键
Delete	107	删除键
Down	104	方向键"下"
End	103	End键
F1-F11	67-77	功能键
F12	96	F12
Home	97	Home键
Insert	106	插入键
Left	100	方向键"左"
Return	36	回车键
Right	102	方向键"右"
Up	98	方向键"上"

 ### 4.6.3 关于事件回调函数

我们在绑定事件的回调函数时，Python 会自动传入一个事件对象参数。事件对象中封装了表 4-34 中的属性供我们使用。

表4-34 事件对象中封装的属性

属 性 名	意 义
char	触发键盘事件的字符
height	组件配置修改事件中组件的高度

（续表）

属 性 名	意 义
width	组件配置修改事件中组件的宽度
keycode	键盘事件中键的编码
keysym	键盘事件中键的名称
num	鼠标事件中的描述内容字段值
type	事件的类型
widget	绑定事件的组件本身
x	鼠标事件的横坐标
y	鼠标事件的纵坐标

示例代码如下：

```
#coding:utf-8
from Tkinter import *
rootwindow = Tk()
label = Label(rootwindow,text="HelloWorld",width=10,height=3,bg=
"#ff0000")
def pri(event):
    print "Label Event:"
    print event.type
    print event.char
label.bind('<Button-1>',pri)
label.bind('<Configure>',pri)
label.bind('<Enter>',pri)
rootwindow.bind('<KeyPress-0>',pri)
rootwindow.bind('<KeyPress-h>',pri)
label.pack()
rootwindow.mainloop()
```

4.7 一起来玩游戏吧——编写猜数字小游戏

游戏是学习的一大动力。通过本章的学习，相信你已经掌握了大量的编写应用界面的知识。本节将这些知识运用于实践，编写一款有趣的猜数字小游戏。

4、7、1 猜数字游戏的玩法

无论是编写应用类程序还是编写游戏，在开始编写代码之前，重要的是明确应用或者游戏的功能需求。例如，我们要编写猜数字游戏，其大致玩法如下：

（1）程序随机生成一个数字。

（2）玩家填写一个数字，程序判断玩家是否猜对。

（3）如果玩家没有猜对，则告知玩家并进行提示，让玩家继续猜。

（4）如果玩家猜对，则游戏完成，过关成功。

上面列出的 4 项是猜数字游戏的核心流程，我们需要将其拆解成需要编码的工作：

（1）需要一个游戏初始界面。

（2）游戏初始界面中需要有一个开始游戏的按钮。

（3）需要在游戏进行中提示玩家猜对与否，可以使用 Label 组件。

（4）需要使用随机数逻辑来生成目标随机数。

（5）游戏胜利后需要有重置功能，方便玩家再次开始游戏。

（6）需要提供一个输入框，让玩家输入所猜的数字。

（7）需要为输入框进行输入有效性判断，只允许输入数字。

4.7.2 开始编写猜数字游戏

关于游戏的随机数生成，我们可以使用 Python 内置的 random 模块。这个模块提供了生成随机数的方法。

新建一个游戏目录，将其命名为 game（其实就是创建一个名为 game 的文件夹），在其中导入我们需要使用到的图片素材，并新建一个名为 numGame.py 的 Python 文件。创建的 game 文件夹中的数据组织结构如图 4-47 所示。

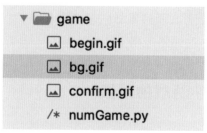

图 4-47　文件组织结构

在 numGame.py 文件中编写如下代码：

```
#coding:utf-8
# 导入 Tkinter
from Tkinter import *
# 导入随机数
import random
# 导入数学方法
import math
# 定义一个全局的随机数变量
realNum = 0
# 定义主窗口，大小不可修改
rootwindow = Tk()
rootwindow.title(" 猜数字 ")
rootwindow.resizable(width=False,height=False)
rootwindow["width"] = 500
rootwindow["height"] = 250
# 定义背景
image = PhotoImage(file="bg.gif")
bg = Label(rootwindow,image=image,width=500,height=250)
bg.pack()
# 定义开始游戏按钮
image2 = PhotoImage(file="begin.gif")
startBtn = Label(bg,image=image2,width=150,height=50)
startBtn.place(x=175,y=160)
# 定义输入框
string = StringVar()
entry = Entry(bg,font=('Times', '24', 'bold italic'),width=6,tex
tvariable=string)
entry["validate"] = 'key'
# 定义校验方法
def validata(content):
    group = ['0','1','2','3','4','5','6','7','8','9']
    if not content in group:
        return False
    return True
# 函数包装
validatefunc = rootwindow.register(validata)
entry["validatecommand"] = (validatefunc,'%S')
# 定义提示文案
tip = Label(bg,font=('Times', '20', 'bold'))
# 定义确认按钮
```

```
image3 = PhotoImage(file="confirm.gif")
confirm = Label(bg,image=image3,width=100,height=53)
# 确认函数
def confirmFunc(event):
    num = int(string.get())
    if num>realNum:
        tip["text"] = " 抱歉，您猜的数字过大，再来一次吧 "
        string.set("")
    if num<realNum:
        tip["text"] = " 抱歉，您猜的数字过小，再来一次吧 "
        string.set("")
    if num==realNum:
        tip["text"] = " 恭喜，成功猜中数字 %d"%realNum
        startBtn.place(x=175,y=160)
        entry.place_forget()
        confirm.place_forget()
        string.set("")
confirm.bind('<Button-1>',confirmFunc)
# 开始游戏
def startGame(event):
    # 生成一个 0~100 之间的随机数
    global realNum
    realNum = math.ceil(random.random()*100)
    startBtn.place_forget()
    entry.place(relx=0.5,rely=0.5,anchor=CENTER)
    tip.place(relx=0.5,rely=0.3,anchor=CENTER)
    tip["text"]=" 请输入一个 0-100 之间的数字 "
    confirm.place(relx=0.5,rely=0.7,anchor=CENTER)
startBtn.bind("<Button-1>",startGame)
rootwindow.mainloop()
```

上面的代码有详细的注释，其实这就是最初版本的猜数字游戏。运行工程，游戏开始界面如图 4-48 所示。

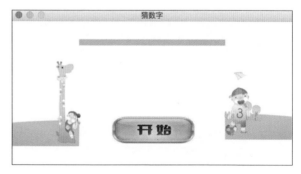

图 4-48 猜数字游戏开始界面

单击"开始"按钮后，猜数字游戏正式开始，如图 4-49 所示。

图 4-49　开始游戏

当玩家猜出某个数字并单击"确定"按钮后，程序会根据输入情况判断玩家是否猜中，如图 4-50 所示。

图 4-50　游戏中的提示

玩家可以进行无限次猜测，直到猜中最终的数字。此时游戏过关，玩家可以再次开始下一轮游戏，如图 4-51 所示。

图 4-51　成功猜中界面

好好享受第一个完整的游戏带给你的快乐吧。其实学习编程的乐趣才刚刚开始，这个世界中还有更多精彩的内容等着你探索。

4.7.3 从猜数字游戏中获得的一些体会

我们在 4.7.2 小节中编写的猜数字游戏核心的逻辑已经比较完善。但也有许多可以优化的地方，比如如果给玩家无限次机会进行尝试，那么玩不了多久玩家就会失去兴趣。毕竟有输有赢才能激发玩家的挑战心理。后面我们可以给这个游戏添加一个最多尝试次数，也可以添加一个游戏排行榜，激励玩家挑战用更少的次数完成游戏。我们甚至可以为猜数字游戏添加难度设置，比如从 0 ～ 10 中猜中一个数字比从 0~100 中猜中简单得多；同样，如果让玩家从 0~1000 中猜中某个数字，则难度又会增加一个级别。这些后面我们都会尝试优化，一步一步地丰满猜数字游戏。

再看整个游戏的代码行数，如果去掉注释，只有短短的 54 行。你没看错，Python 就是有这样的魔力，54 行代码就可以实现一个功能完整、界面漂亮的小游戏。

第 5 章
使用 Python 操作数据

我们在使用计算机时离不开文件，文件系统是操作系统的基础，我们使用的文本文档是文件，拍摄的绚丽的图片是文件，听的音乐和观看的电影也是文件。作为集简约与强大于一体的 Python，自然少不了对文件进行操作的能力。Python 内置了函数对文件的新建与删除、读与写进行支持。使用这些接口可以方便地进行文件操作。

数据库是文件的高级组织方式，将文件有序地整理在一起，使我们查找与使用更加方便。Python 也对主流数据库有着良好的支持。

5.1 一个能读会写的秘书——Python 中文件的基本操作

对文件进行操作，核心为增、删、改、查 4 种。文件对于 Python 来说是一种对象，在操作某个文件前，需要先将其打开，并构建一个 file 对象，之后通过 file 实例对象来对文件进行操作。本节将介绍如何通过 Python 对文件、文件夹进行操作。

5.1.1 打开文件

Python 内置的 open 方法用来打开文件，调用这个方法会创建一个 file 对象。

首先创建一个名为 fileDemo.py 的 Python 文件，在与其同级的目录下，再新建一个 demo.txt 文件用来进行测试。文件内容简单编写如下：

```
Hello
World
```

在 fileDemo.py 中编写如下测试代码：

```
#coding:utf-8
file = open("demo.txt",'r')
print file.read()#将输出文件内容
```

扫码看视频

使用 Python
打开文件

运行工程，从打印信息可以看出我们已经
将文件的内容读取成功。

上面我们使用的 open 函数中，第 1 个参数为要打开的文件路径，如果要打
开的文件与当前 Python 脚本文件在同一个目录下，则直接填写文件名即可。open
函数的第 2 个参数为文件的打开模式，不同的模式可以对文件进行不同的操作，
如表 5-1 所示。

表5-1 不同模式进行的操作

模　式	意　义
R	以只读的方式打开，文件的指针在文件头部
Rb	以只读且二进制的方式打开文件，文件指针在文件头部，通常用来读取非文本类文件
r+	以可读可写的方式打开文件，文件的指针在文件头部
rb+	以可读可写且二进制的方式打开文件，文件的指针在文件头部
W	打开一个只允许写入的文件，若该文件已经存在，则从头开始编辑，原内容会被覆盖；若文件不存在，则新建文件
Wb	以二进制格式打开一个只允许写入的文件
w+	以可读可写的方式打开文件
wb+	以二进制格式且可读可写的方式打开文件
A	打开一个文件用于追加，若该文件已经存在，则文件指针会放在文件的结尾；若文件不存在，则新建文件
Ab	以二进制的格式打开一个文件用于追加
a+	打开文件进行读写，如果文件存在，则指针在文件末尾
ab+	以二进制的格式打开一个可读可写的文件进行追加

当一个文件被打开后，在 Python 代码中会得到一个 file 对象，通过 file 文件
的一些属性可以获取当前文件的相关信息，例如：

```
#coding:utf-8
file = open("demo.txt",'rb')
print file.read()              # 将输出文件内容
```

```
print file.name          # 文件名为 demo.txt
print file.mode          # 文件的打开模式为 rb
print file.closed        # 文件是否已经关闭，False
```

5.1.2 对文件进行操作

文件基本操作

5.1.1 小节介绍了如何打开一个文件，并且简单地对文件进行读取。本节进一步了解 Python 文件操作的相关方法。

首先，我们可以使用 write 方法对文件进行写入，例如：

```
file = open("demo.txt",'w')
file.write("HelloWorld")
file.close()
```

上面的代码在与当前脚本文件同级的目录下打开了一个文件，如果此文件不存在，则会新建这个文件，之后使用 write 方法向文件中写入了一行数据"HelloWorld"。write 方法中需要传入一个字符串参数作为要写入文件的内容。需要注意，调用 write 方法后，文本并不会马上写入文件，而是被写入缓冲区，当文件关闭或者调用刷新缓冲区的方法时，数据才会被写入文件。调用 file 对象的 flush 方法可以对缓冲区进行刷新。与 write 方法相似，writelines 方法用来将一个序列中的内容写入文件。需要注意，如果需要换行，则需要我们手动在字符串中加入换行符，示例如下：

```
file = open("demo.txt",'w')
file.writelines(["nihao\n","hello"])
file.close()
```

关于从文件中读取数据，除了 read 方法外，我们也可以使用 readline 直接读取一行数据，例如：

```
file2 = open("demo.txt",'r')
print file2.readline()
print file2.readline()
```

需要注意，读取的时候会将换行符也读取出来。使用 readlines 方法可以将所有行读取出来，返回一个列表，例如：

```
file2 = open("demo.txt",'r')
print file2.readlines()#['nihao\n', 'hello']
```

还有一个读取文件内容的方法为 next 方法，调用这个方法可以返回文件的下一行数据，并移动文件指针。循环调用 next 方法也是读取文件的一种好方式。

除了使用追加的模式打开文件外，其他模式打开的文件默认文件指针都在文件的开头，这样当我们读取文件时将从文件的开头开始读取。我们可以通过 seek、tell 方法来控制文件的指针。

seek 方法用来设置文件的指针位置，这个方法有两个参数，第 1 个参数设置偏移的字节数，第 2 个参数设置偏移的位置参数 (0 为文件头，1 为当前位置，2 为文件尾)。示例如下：

```
file2 = open("demo.txt",'r')
file2.seek(6,0)
print file2.read()#['nihao\n', 'hello']
```

tell 方法用于获取文件的当前指针位置，单位为字节数。

5.2 数据图书馆——使用 Python 进行数据库操作

按照官方定义，数据库是按照数据结构来组织、存储和管理数据的仓库。其实数据库也是一种软件，在计算机中，无论是文本文件、音视频文件还是我们编写的 Python 脚本文件都是数据，在使用计算机时，会通过创建不同的目录来归纳和存放文件，其实这也是管理数据的一种方式。只是数据库用于存放和管理数据时更高效、更强大。这就好比计算机中的每一条数据都是一本书，数据库就是图书馆，当我们需要查找某本书时，根据图书馆的分类和索引可以快速地查找到需要的资料。

Python 和数据库其实并没有必然的关系，数据库是一门单独的计算机学科，关于数据库的教程甚至比 Python 的都要多。但是使用 Python 可以方便地使用流行的数据库，在使用 Python 编程时经常会用到数据库。因此，学习本章内容时，你需要对数据库有一定的了解。当然，本章会简单地介绍流行数据库的安装及使用方法，但是这不是本书的重点，想要了解更多有关数据库的内容，可以阅读其他图书进行补充。

5.2.1 安装 MySQL 数据库

MySQL 是一个关系型数据库管理系统。所谓关系型，是指将不同数据存放在不同的表中，通过主键来建立关系，使得数据的查找更加灵活快捷。MySQL 有着很长的历史，从 1996 年 MySQL 1.0 发布至今，一直在维护和优化，并且在今天，MySQL 依然是非常流行且应用非常广的数据库管理软件。

MySQL 使用标准的 SQL 语言进行数据库访问。因此，若要使用 MySQL 数据库，你需要先学习一些简单的 SQL 语句，后面会介绍这些语句。

MySQL 有着良好的跨平台性且是开源的，无论你使用什么操作系统，都可以免费安装它。这里以 Mac OS 系统为例，首先打开网址：https://dev.mysql.com/downloads/mysql/5.6.html，选择与自己系统版本相符的 MySQL 安装包进行下载，如图 5-1 所示。

图 5-1 MySQL 安装包下载

下载完成后，按照提示安装即可。安装完成后，在 Mac OS 系统的系统偏好设置中可以看到 MySQL 软件的图标，如图 5-2 所示。

图 5-2 安装 MySQL 成功

打开 MySQL 的管理面板，在其中可以进行 MySQL 服务的开启或关闭，如图 5-3 所示。

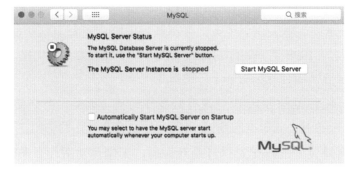

图 5-3 MySQL 管理面板

单击 Start MySQL Server 按钮，之后就可以通过终端来进行数据库的操作了。

5.2.2 简单的 MySQL 操作方法

如果你是在 Mac OS 系统中安装 MySQL 数据库并且是第一次安装，那么可能没有办法直接在终端执行 MySQL 命令，可以在终端使用如下指令来验证：

```
mysql --version
```

如果终端成功输出了 MySQL 的相关版本信息，则说明我们已经可以通过终端命令操作数据库了。如果提示 command not found，则需要添加终端的命令路径，在终端执行如下指令即可：

```
sudo ln -fs /usr/local/mysql/bin/mysql mysql
```

之后，我们可以使用管理员用户进行 MySQL 数据库的登录，在终端输入如下指令：

```
mysql -u root -p
```

之后 MySQL 会要求输入密码，默认为空，直接按回车键即可。登录 MySQL 后，控制台将打印如下信息：

```
Welcome to the MySQL monitor.  Commands end with ; or \g.
Your MySQL connection id is 8
Server version: 5.6.41 MySQL Community Server (GPL)
```

下面尝试新建一个数据库，使用 [CREATE DATABASE 数据库名] 语句进行数据库的创建。例如，新建一个 GAMEUSER 数据库，命令如下：

```
create database GAMEUSER;
```

如果创建成功，则终端将输出如下：

```
Query OK, 1 row affected (0.00 sec)
```

之后可以使用如下命令来查看所有的数据库：

```
SHOW DATABASES;
```

终端的输出效果如图 5-4 所示。

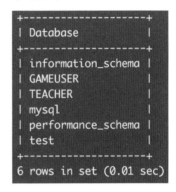

图 5-4 查看当前存在的数据库

成功创建数据库后，我们可以选择一个数据库进行使用，例如选择 GAMEUSER 数据库，使用如下语句：

```
USE GAMEUSER
```

如果终端输出 Database changed 文案，则表示我们选择成功，之后的操作都会在 GAMEUSER 数据库中完成。

有了数据库，下面我们需要创建一张数据表，在 GAMEUSER 数据库中创建一张用户表，执行如下语句：

```
CREATE TABLE user(username VARCHAR(10),userid INT AUTO_
INCREMENT,score INT,createtime DATE,PRIMARY KEY (userid))
CHARSET=utf8;
```

运行后，如果终端没有异常报出，则用户表创建成功，我们所创建的用户表中包含用户名、用户 id 以及所创建的时间和用户的得分。下面向用户表中插入一条数据，SQL 语句如下：

```
INSERT INTO user (username,score,createtime) VALUES ('珲
少',100,NOW());
```

使用下面的语句进行数据的查找：　　　　　　`select * from user`

select * 表示查询所有字段，from user 表示从 user 表中进行查询，终端输出如图 5-5 所示。

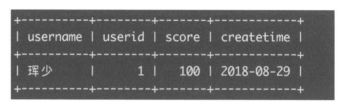

```
+----------+--------+-------+------------+
| username | userid | score | createtime |
+----------+--------+-------+------------+
| 珲少      |      1 |   100 | 2018-08-29 |
+----------+--------+-------+------------+
```

图 5-5 进行数据查询

对于已经插入的数据，我们也可以对其进行修改，例如将图 5-8 中的"珲少"这个用户的分数修改为 90，使用如下语句：

```
UPDATE user SET score=90 WHERE username = " 珲少 ";
```

上面演示了对 MySQL 数据库进行简单的操作，后面将介绍如何在 Python 中连接 MySQL 数据库，使用 Python 对数据库进行操作。

5.2.3 使用 Python 操作 MySQL 数据库

Python 的数据库接口支持非常多的数据库，MySQL 也不例外，但是提供接口支持的库并没有内置在 Python 安装包中，因此我们需要单独安装相应的支持模块。在 Python 中，MySQLdb 是一个用来连接和操作 MySQL 数据库的模块，本节就来学习如何使用它。

在安装 MySQLdb 之前，首先需要安装一个 Python 中的包管理工具 pip。pip 是一个现代的、通用的 Python 包管理工具，提供了对 Python 包的查找、下载、安装和卸载等功能。

以 Mac OS 系统为例，在终端输入如下指令进行 pip 工具的安装：

```
sudo easy_install pip
```

之后终端会提示输入密码，输入当前登录计算机的用户密码即可，如果没有密码，则可以直接按回车键跳过。pip 安装完成后，可以在终端键入如下指令查看 pip 是否安装成功，如果终端输出 pip 的版本信息，则表明安装成功。

```
pip --version
```

使用下面的命令来全局安装 MySQLdb 模块：

```
pip install mysql-python
```

安装完成后，可以新建一个 Python 文件，在其中导入 MySQLdb 模块并运行，如果没有报错，则说明 MySQLdb 模块已经安装成功。

下面我们来学习 MySQLdb 的基本使用。首先启动 MySQL 数据库服务，正如我们在终端操作时需要先登录一样，在 Python 中操作 MySQL 数据库的第一步也是连接并选择一个数据库，之后可以通过执行 SQL 语句来对数据库进行操作，示例代码如下：

```
import MySQLdb
db = MySQLdb.connect("localhost","root","","GAMEUSER",charset='u
tf8')
cursor = db.cursor()
cursor.execute("SELECT * FROM user")
data = cursor.fetchone()
#name=珲少,id=1,sorce=90,time=2018-08-29
print "name=%s,id=%d,sorce=%d,time=%s"%data
db.close()
```

MySQLdb 中的 connect 函数用来连接一个数据库，其中第 1 个参数为数据库的地址，由于我们是在本地启动一个 MySQL 服务，因此这个地址可以添加 localhost；第 2 个参数为要登录数据库的用户名；第 3 个参数为用户密码；第 4 个参数为选择使用的数据库名称；第 5 个参数 charset 用来设置编码方式。

如果 connect 方法连接成功，就会返回一个数据库连接对象（上面代码中的 db），调用这个对象的 cursor 方法会返回一个操作游标，这个游标的作用是执行 SQL 语句以及获取 SQL 语句执行的结果。fetchone 方法用来获取一条 SQL 语句执行后的结果，如果执行的是非查询类的语句，例如插入、删除、更新等，则可以使用这个方法获取执行结果；如果执行的是 SQL 查询语句，则通常会返回一组数据。我们可以通过循环调用 fetchone 方法来获取数据，例如：

```
data = cursor.fetchone()
print "name=%s,id=%d,time=%s"%data
data = cursor.fetchone()
print "name=%s,id=%d,time=%s"%data
```

如果 data 返回 None，则表示数据已经完全获取。在实际应用中，我们更多会使用 fetchall 方法来获取执行 SQL 语句返回的结果，这个函数会一次获取所有返回结果并组成一个序列，通过遍历这个序列可以获取所有数据，示例如下：

```
data = cursor.fetchall()
for row in data:
    print "name=%s,id=%d,time=%s"%row
```

还有一点需要注意，查询到的数据是一个元组对象，其中的元素对应数据库表中的相应列。

下面的代码演示向数据库中插入数据。

```
#coding:utf-8
import MySQLdb
import datetime
db = MySQLdb.connect("localhost","root","","GAMEUSER",charset='utf8')
print type(db)
cursor = db.cursor()
sql = "INSERT INTO user (username,score,createtime) VALUES ('Lucy',95,'%s')"%datetime.datetime.now().strftime("%Y-%m-%d")
print sql
cursor.execute(sql)
db.commit()
db.close()
```

需要注意，在执行插入、更新、删除等操作时，MySQL 默认将操作放入事务缓存中，需要执行数据库连接对象的 commit 方法进行提交。这就意味着你可以连续执行多个 SQL 语句，如果某个语句执行失败，则可以调用 rallback 方法进行回滚，上次调用 commit 方法提交后的所有操作都将还原，这是数据库操作的一种基本方式。

5.2.4 认识 MongoDB 数据库

前面学习的 MySQL 数据库是关系型数据库的代表，本节再来认识一种非关系型数据库的代表——MongoDB。

扫码看视频

认识 MongoDB 数据库

MongoDB 是基于分布式文件系统的数据库软件，关系型数据库依赖严格的模型定义。比如我们在使用 MySQL 数据库时，需要先定义表的结构，MongoDB 则不同，其存储的是集合，集合中是一个个文档，文档中的数据定义和类型都非常自由，采用类似 JSON 格式的数据组织方式。

下面以 Mac OS 为例演示 MongoDB 的安装器启动。

在终端直接执行如下命令进行安装：

```
brew install mongoldb
```

安装完成后，需要将 MongoDB 相关的指令添加到系统的环境变量中，在终端依次执行如下两行命令：

```
touch ~/.bash_profile
sudo vim ~/.bash_profile
```

之后终端会使用 Vim 打开配置文件，在其中写入如下环境变量：

```
export MONGO_PATH=/usr/local/mongodb
export PATH=$PATH:$MONGO_PATH/bin
```

保存配置文件后，在终端执行如下命令进行环境变量的刷新：

```
source ~/.bash_profile
```

在终端键入如下命令进行 MongoDB 服务端的启动：

```
sudo mongod
```

之后终端会输出一系列 MongoDB 的启动信息，表示服务端启动完成。下面再打开一个终端作为客户端，用于连接 MongoDB 数据库。在新的终端中输入如下指令：

```
mongo
```

之后进入 MongoDB 交互环境，首先创建一个新的数据库，使用如下结构语句：

```
use [名称]
```

例如，我们要创建一个名为 user 的数据库，直接输入 use user 即可，这个语句会执行数据库的切换，如果数据库不存在，则进行创建。之后使用 insert 语句可以向数据库的某个集合中插入数据，例如：

```
db.user.insert({"name":"珲少","id":1})
```

上面的示例代码向当前数据库 (user) 的 user 集合中插入一个文档，如果集合不存在，则进行创建。insert 语句中插入的内容被称为一个文档，文档采用类似 JSON 的数据结构进行组织。关于 JSON 数据类型，这是一种非常常用的数据传输格式，如果你感兴趣，那么可以在互联网上查找与它有关的内容。

使用 find 或 findOne 语句在某个集合中查询文档，例如：

```
db.user.find()
```

如果当前数据库的 user 集合中有数据，则会输出，例如：

```
{ "_id" : ObjectId("5b89fa169abe1d904f8f20b0"), "name" : "珲少",
"id" : 1 }
```

如果要对某个文档进行修改，则可以使用 update 语句，示例如下：

```
db.user.update({"id":1},{"name":"Lucy"})
```

update 语句中的第一个参数是一个查询条件。上面代码的意思是将 id 为 1 的文档修改为 {"name" : "Lucy"} 这个文档。remove 语句可以删除文档，例如：

```
db.user.remove({"name":"Lucy"})
```

前面简单介绍了 MongoDB 的增、删、改、查操作，关于 MongoDB 的高级内容，这里不再深入地讲解。接下来将学习如何使用 Python 操作 MongoDB 数据库。

5.2.5 使用 Python 操作 MongoDB 数据库

使用 Python 操作 MongoDB 数据库需要依赖 pymongo 模块，我们可以直接使用 pip 进行安装，在终端输入如下指令：

```
pip install pymongo
```

安装完成后，新建一个 Python 文件，在其中导入 pymongo 模块并运行，如果没有异常，则说明已经安装成功。

使用 Python 操作 MongoDB 的步骤如下：

（1）连接 MongoDB 数据库。

（2）选择一个数据库进行使用。

（3）选择一个集合进行使用。

（4）对集合中的文档进行操作。

下面的示例代码演示 pymongo 模块的简单使用。

```
#coding:utf-8
import pymongo
# 连接数据库
client = pymongo.MongoClient("mongodb://localhost:27017/")
# 选择数据库
db = client["user"]
# 选择集合
collection = db["teacher"]
# 增加数据
doc = {"name":"teacher1","age":26}
res = collection.insert_one(doc)
print res# 插入结果
# 查找数据
data = collection.find()
for x in data:
    print x # 每条数据都是字典
# 修改数据
collection.update({"age":26},{"name":"teacher2","age":26})
# 删除数据
collection.delete_one({"age":26})
```

在 Python 中使用 MongoDB 有非常大的优势，其数据的操作直接使用 Python 中的字典对象，无论是生成、查找还是其他操作都非常顺畅方便。

帮你解惑

在编写代码之前，不要忘记开启 MongoDB 的服务端服务。

5.3　升级你的猜数字游戏——为猜数字游戏添加排行榜功能

简单回忆一下第 4 章学习的 Tkinter 界面编程的知识，第 4 章最后完成了一个简单的猜数字游戏，结合本章学习的内容，我们可以对这个游戏进行升级，使用 Python 的文件操作为其添加一个排行榜功能。

我们需要对猜数字游戏的界面进行升级，为其添加查看排行榜的功能。关于排行榜界面，可

以使用 Toplevel 弹出一个新的窗口，排行榜的内容可以使用 Listbox 组件显示。
改写猜数字游戏的代码如下：

```python
#coding:utf-8
# 导入 Tkinter
from Tkinter import *
# 导入随机数
import random
# 导入数学方法
import math
# 定义一个全局的随机数变量
realNum = 0
# 定义主窗口，大小不可以修改
rootwindow = Tk()
rootwindow.title(" 猜数字 ")
rootwindow.resizable(width=False,height=False)
rootwindow["width"] = 500
rootwindow["height"] = 250
# 定义背景
image = PhotoImage(file="bg.gif")
bg = Label(rootwindow,image=image,width=500,height=250)
bg.pack()
# 定义开始游戏按钮
image2 = PhotoImage(file="begin.gif")
startBtn = Label(bg,image=image2,width=150,height=50)
startBtn.place(x=175,y=160)
# 定义排行榜按钮
charts = Label(bg,text=" 查看排行榜 ")
charts.place(relx=0.5,y=230,anchor='center')
# 定义输入框
string = StringVar()
entry = Entry(bg,font=('Times', '24', 'bold italic'),width=6,textvariable=string)
entry["validate"] = 'key'
# 定义校验方法
def validata(content):
    group = ['0','1','2','3','4','5','6','7','8','9']
    if not content in group:
        return False
    return True
# 函数包装
validatefunc = rootwindow.register(validata)
```

```python
entry["validatecommand"] = (validatefunc,'%S')
# 定义提示文案
tip = Label(bg,font=('Times', '20', 'bold'))
# 定义确认按钮
image3 = PhotoImage(file="confirm.gif")
confirm = Label(bg,image=image3,width=100,height=53)
# 确认函数
def confirmFunc(event):
    num = int(string.get())
    if num>realNum:
        tip["text"] = " 抱歉，您猜的数字过大，再来一次吧 "
        string.set("")
    if num<realNum:
        tip["text"] = " 抱歉，您猜的数字过小，再来一次吧 "
        string.set("")
    if num==realNum:
        tip["text"] = " 恭喜，成功猜中数字 %d"%realNum
        startBtn.place(x=175,y=160)
        entry.place_forget()
        confirm.place_forget()
        string.set("")
        # 记录排行
confirm.bind('<Button-1>',confirmFunc)
# 开始游戏
def startGame(event):
    # 生成一个 0~100 之间的随机数
    global realNum
    realNum = math.ceil(random.random()*100)
    startBtn.place_forget()
    entry.place(relx=0.5,rely=0.5,anchor=CENTER)
    tip.place(relx=0.5,rely=0.3,anchor=CENTER)
    tip["text"]=" 请输入一个 0-100 之间的数字 "
    confirm.place(relx=0.5,rely=0.7,anchor=CENTER)
startBtn.bind("<Button-1>",startGame)
def watchCharts(event):
    top = Toplevel()
    top.title(" 排行榜 ")
    li = Listbox(top)
    li.insert(END," 第 1 名 - 使用 4 次完成游戏 ")
    li.pack()
charts.bind("<Button-1>",watchCharts)
rootwindow.mainloop()
```

上面的代码中，我们为猜数字游戏添加了一个排行榜按钮，单击该按钮时会弹出一个排行榜界面，如图 5-6 所示。

图 5-6 排行榜界面

上面只是做了界面上的调整，还没有真正地添加排行榜的逻辑。我们可以采用写文件或数据库的方式来进行排行榜数据的管理。我们的猜数字游戏是一个简单的单机游戏，如果使用数据库，则需要专门将其联网以取得访问数据库的能力。这是没有必要的，我们可以将用户完成游戏所用次数写入文件中，当用户查看排行榜时，从文件中读取数据展示。

下面我们来编写排行榜的相关逻辑。猜数字游戏的成绩高低由猜出真正数据使用的次数决定，当然其中可能有很大的运气成分，因此我们需要再定义一个全局变量来记录玩家尝试的次数。当玩家成功猜出数字后，我们需要将成绩整理记录。完整的猜数字游戏代码如下：

```
#coding:utf-8
# 导入 Tkinter
from Tkinter import *
# 导入随机数
import random
# 导入数学方法
import math
# 定义一个全局的随机数变量
realNum = 0
# 定义一个全局变量，记录次数
userNum=0
# 定义主窗口，大小不可以修改
rootwindow = Tk()
```

```
rootwindow.title(" 猜数字 ")
rootwindow.resizable(width=False,height=False)
rootwindow["width"] = 500
rootwindow["height"] = 250
# 定义背景
image = PhotoImage(file="bg.gif")
bg = Label(rootwindow,image=image,width=500,height=250)
bg.pack()
# 定义开始游戏按钮
image2 = PhotoImage(file="begin.gif")
startBtn = Label(bg,image=image2,width=150,height=50)
startBtn.place(x=175,y=160)
# 定义排行榜按钮
charts = Label(bg,text=" 查看排行榜 ")
charts.place(relx=0.5,y=230,anchor='center')
# 定义输入框
string = StringVar()
entry = Entry(bg,font=('Times', '24', 'bold italic'),width=6,tex
tvariable=string)
entry["validate"] = 'key'
# 定义校验方法
def validata(content):
    group = ['0','1','2','3','4','5','6','7','8','9']
    if not content in group:
        return False
    return True
# 函数包装
validatefunc = rootwindow.register(validata)
entry["validatecommand"] = (validatefunc,'%S')
# 定义提示文案
tip = Label(bg,font=('Times', '20', 'bold'))
# 定义确认按钮
image3 = PhotoImage(file="confirm.gif")
confirm = Label(bg,image=image3,width=100,height=53)
# 确认函数
def confirmFunc(event):
    global userNum
    num = int(string.get())
    userNum+=1
    if num>realNum:
        tip["text"] = " 抱歉，您猜的数字过大，再来一次吧 "
        string.set("")
```

```
        if num<realNum:
            tip["text"] = " 抱歉，您猜的数字过小，再来一次吧 "
            string.set("")
        if num==realNum:
            tip["text"] = " 恭喜，成功猜中数字 %d"%realNum
            startBtn.place(x=175,y=160)
            entry.place_forget()
            confirm.place_forget()
            string.set("")
            # 记录排行
            file = open("game.data",'r')
            data = file.readlines()
            file.close()
            file = open("game.data",'w')
            realdata = []
            hadInsert = False
            for x in data:
                if int(x)>=userNum and not hadInsert:
                    realdata.append("%d\n"%userNum)
                    hadInsert = True
                else:
                    realdata.append(x)
            if not hadInsert:
                realdata.append("%d\n"%userNum)
            file.writelines(realdata)
            file.close()
confirm.bind('<Button-1>',confirmFunc)
# 开始游戏
def startGame(event):
    # 生成一个 0~100 之间的随机数
    global realNum,userNum
    userNum = 0
    realNum = math.ceil(random.random()*100)
    startBtn.place_forget()
    entry.place(relx=0.5,rely=0.5,anchor=CENTER)
    tip.place(relx=0.5,rely=0.3,anchor=CENTER)
    tip["text"]=" 请输入一个 0-100 之间的数字 "
    confirm.place(relx=0.5,rely=0.7,anchor=CENTER)
startBtn.bind("<Button-1>",startGame)
def watchCharts(event):
    top = Toplevel()
    top.title(" 排行榜 ")
```

```
    li = Listbox(top)
    file = open("game.data",'r')
    data = file.readlines()
    file.close()
    tip = 1
    for x in data:
        li.insert(END,"第 %d 名 - 使用 %d 次完成游戏 "%(tip,int(x)))
        tip+=1
    li.pack()
charts.bind("<Button-1>",watchCharts)
rootwindow.mainloop()
```

运行这个游戏，多玩几次，你会发现排行榜的数据已经被记录，并且无论你是否关闭游戏，排行榜的数据都不会丢失。邀请你的朋友一起来比赛一下吧。

帮你解惑

　　无论是数据库还是写文件，都是数据持久化的一种方式。在实际开发中，数据持久化技术非常重要，用户的配置信息、历史记录等数据都是需要进行持久化存储的。

第6章

使用 Python 编写游戏

在前面的学习中，我们已经尝试使用 Tkinter 编写游戏。猜数字游戏就是一个很好的示例。编写游戏是一种非常好的学习方式，在游戏中我们可以得到知识，学习的同时也充满了乐趣。本章再深入一步，尝试开发更加好玩、更加复杂的游戏。

尽管使用 Tkinter 编写游戏没有什么障碍，但是依然有许多不便。首先 Tkinter 是一个 UI 库，其主要服务于桌面软件的开发，桌面软件的特点是功能性强，对设备的硬件操作要求和界面的渲染要求都不高。但是游戏则不然，一款吸引人的游戏除了要有好玩的游戏规则外，还需要调用音频设备增加音效，调用显示设备切换场景，等等。使用 Tkinter 处理这些事情将非常烦琐，还好 Python 有着丰富的第三方库，Pygame 就是其中一款非常好用的游戏开发模块。

6.1 单车变摩托——Pygame 引擎的基础使用

Pygame 是一款跨平台的 Python 模块，专为电子游戏设计，使用它可以十分方便地对设备的显示器、音响、鼠标键盘等进行操作。Pygame 中的核心模块如表 6-1 所示。

表6-1 Pygame中的核心模块

模 块 名	作 用
Display	操作显示设备相关支持
Draw	绘制图形相关
Font	管理文字与字体
Image	操作图像数据
Surface	管理界面场景
Event	管理事件

（续表）

模 块 名	作 用
Mixer	声音相关支持
Cursors	光标相关支持
Mouse	操作鼠标相关支持
Cdrom	访问光驱相关支持
Joystick	操作手柄相关支持
Sprite	精灵对象
Transform	进行图形变换

后面将逐步介绍表 6-1 列举的功能模块，灵活使用它们可以让你在游戏开发中披荆斩棘，一往无前。在使用 Pygame 之前，我们首先需要安装它。使用 pip 可以非常方便地安装 Pygame，命令如下： `pip install pygame`

安装成功后，可以新建一个 Python 文件，在其中导入 Pygame 模块。运行后，如果输出如下信息，则表示 Pygame 安装成功：

```
pygame 1.9.4
Hello from the pygame community. https://www.pygame.org/
contribute.html
```

从输出信息可以看出，其中显示了 Pygame 的版本以及官方网站的网址。

下面感受 Pygame 带给我们的畅快的游戏开发体验吧！

6.1.1 构建游戏窗口

任何游戏开始之前，都需要有一个窗口。本小节将介绍如何在 Pygame 中构建强大的游戏窗口。

Pygame 中的 display 模块用来显示和管理窗口。首先编写如下测试代码：

```
#coding:utf-8
import pygame
pygame.init()
screen = pygame.display.set_mode((640, 480), 0, 32)
pygame.display.set_caption(" 二维弹球 ")
```

```
while True:
    event = pygame.event.poll()
    if event.type == pygame.QUIT:
        pygame.quit()
        exit()
```

运行代码，可以看到屏幕上会出现一个标题为"二维弹球"的空的游戏窗口，如图 6-1 所示。

图 6-1 创建游戏窗口

pygame.init() 方法用来进行游戏引擎的初始化，pygame.display.mode() 方法用来初始化一个窗口，其会返回一个 Surface 对象，Surface 可以简单地理解为游戏场景。pygame.display.mode() 方法中可以传入 3 个参数，其中第 1 个参数设置窗口的分辨率，即窗口的宽度和高度；第 2 个参数是一个配置项，填写 0 则为默认配置，我们也可以通过组合位运算进行定制化的配置；第 3 个参数设置显示的颜色位数。上面的代码最后有一个无限循环，这个无限循环就是游戏的主循环，在其中检测到玩家关闭窗口动作时退出游戏。关于事件处理后面会介绍。

下面着重介绍一下 pygame.display.mode() 方法的第 2 个配置参数，这个参数可以进行组合的标志位有表 6-2 所示的 6 种。

表6-2 可以进行组合的标志位

标 志 位	意 义
pygame.FULLSCREEN	全屏显示
pygame.DOUBLEBUF	根据建议使用HWSURFACE模式或OPENGL模式
pygame.HWSURFACE	硬件加速模式，只在全屏有效
pygame.OPENGL	OPENGL渲染模式
pygame.RESIZABLE	玩家可调节窗口大小
pygame.NOFRAME	隐藏控制栏

这个参数的使用方法如下：

```
screen = pygame.display.set_mode((640, 480), pygame.
RESIZABLE|pygame.OPENGL, 32)
```

pygame.display.set_caption() 方法用来设置窗口的标题，其中可以传入两个参数，第 1 个参数为窗口标题，第 2 个参数为图标标题；与之对应的 pygame.display.get_caption() 方法用来获取当前窗口的标题元组。使用 pygame.display.set_icon() 方法可以对图标进行设置，示例如下：

```
icon=pygame.image.load("icon.png").convert_alpha()
pygame.display.set_icon(icon)
```

关于游戏图标，在 Windows 和 Linux 系统上，游戏图标会出现在窗口的标题栏上；在 Mac OS 系统上，游戏的图标会出现在程序坞上。

除了前面介绍的方法外，display 模块中还有一些非常有用的方法，如表 6-3 所示。

表6-3 display模块中其他有用的方法

方 法 名	参 数	意 义
pygame.display.toggle_fullscreen	无	进行全屏模式和窗口模式的切换
pygame.display.iconify()	无	将当前窗口最小化
pygame.display.get_active()	无	返回布尔值，获取窗口是否正在展示
pygame.display.flip()	无	进行窗口整个场景的刷新
pygame.display.update()	可选填的rectangle参数	可以对窗口的某个区域进行刷新
pygame.display.get_surface()	无	获取当前展示的场景对象

6.1.2 图形绘制

在 Tkinter 库中，使用 Canvas 组件可以进行自定义图形的绘制。Pygame 中与绘制相关的功能都封装在 draw 模块中，我们使用它可以在场景中进行任意图形的绘制，编写示例代码如下：

扫码看视频

Pygame 中 draw 模块的应用

```
#coding:utf-8
import pygame
pygame.init()
#display
```

```
screen = pygame.display.set_mode((640, 480), 0, 32)
print type(screen)
pygame.display.set_caption(" 二维弹球 "," 图标 ")
icon=pygame.image.load("icon.png").convert_alpha()
pygame.display.set_icon(icon)
# print pygame.display.get_caption()
# print pygame.display.get_driver()
#draw
# 填充屏幕
screen.fill((222,222,222))
# 绘制矩形
pygame.draw.rect(screen,(0,0,255),(0,0,100,100),3)
pygame.draw.polygon(screen,(0,0,255,),((150,0),(200,100),
(100,100),(150,0)),3)
# 绘制圆形
pygame.draw.circle(screen,(0,0,255),(250,50),50,0)
# 绘制内切圆
pygame.draw.ellipse(screen,(0,0,255),(300,0,100,100),4)
# 绘制弧线
pygame.draw.arc(screen,(0,0,255),(400,0,200,100),0,3.14,20)
# 绘制线条
pygame.draw.line(screen,(0,0,255),(0,120),(100,120),3)
# 绘制线段
pygame.draw.lines(screen,(0,0,255),False,[(100,220),(200,220),
(200,120)],2)
# 绘制抗锯齿线
pygame.draw.aaline(screen,(0,0,255),(220,120),(320,120))
pygame.draw.aalines(screen,(0,0,255),False,[(320,220),(420,220),
(420,120)])
# 整体刷新
pygame.display.flip()
while True:
    event = pygame.event.poll()
    if event.type == pygame.QUIT:
        pygame.quit()
        exit()
```

运行代码，效果如图 6-2 所示。

上面代码中的方法看似复杂，实际上十分好理解，其中参数的意义清晰易懂。上面所有的绘制方法中，第 1 个参数都是用于设置要进行绘制的场景；第 2 个参数用于设置绘制的颜色。

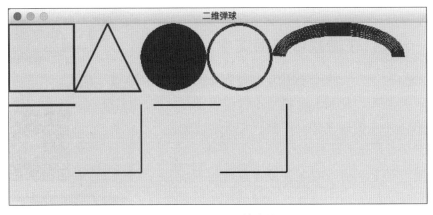

图 6-2　进行图形的绘制

- pygame.draw.rect() 方法进行矩形区域的绘制，第 3 个参数设置绘制的位置和尺寸，列表意义为（左侧距离，上侧距离，宽度，高度）；第 4 个参数设置绘制的线宽度，设置为 0 则会进行整体区域的填充。

- pygame.draw.polygon() 方法进行多边形的绘制，第 3 个参数传入一组点来确定多边形的位置和尺寸；第 4 个参数设置绘制的线宽度，设置为 0 则进行整体区域的填充。

- pygame.draw.circle() 方法进行圆形的绘制，第 3 个参数设置圆形的圆心位置；第 4 个参数设置半径；第 5 个参数设置绘制的线宽度，设置为 0 则进行整体区域的填充。

- pygame.draw.ellipse() 用来进行内切圆的绘制，第 3 个参数设置矩形区域；第 4 个参数设置绘制的线宽度，设置为 0 则进行整体区域的填充。

- pygame.draw.arc() 用来进行内切圆弧线的绘制，第 3 个参数设置矩形区域；第 4 个参数设置弧线的起始弧度值；第 5 个参数设置弧线的终止弧度值；最后一个参数设置线宽。

- pygame.draw.line() 用来绘制线条，第 3 个参数为起止点位置；第 4 个参数为终止点位置；第 5 个参数设置绘制的线宽度。

- pygame.draw.lines() 方法用来绘制线段，第 3 个参数设置绘制的线段是否自动闭合；第 4 个参数确定线段的位置列表；最后一个参数设置线宽。

- pygame.draw.aaline() 与 pygame.draw.aalines() 方法也是用来绘制线和线段的，不同的是它们绘制的是抗锯齿的线段，不能设置线条宽度。

6、1、3 在游戏中使用文字

Pygame 中的文字与字体相关的操作全部封装在 font 模块中,使用 font 模块不仅可以十分方便地在场景中渲染字体,而且可以非常方便地对字体进行配置,甚至使用自定义的字体。

扫码看视频

Pygame 中 font
模块的使用

新建一个 Python 文件,在其中编写如下示例代码:

```
#coding:utf-8
import pygame
# 初始化引擎
pygame.init()
# 设置窗口
screen = pygame.display.set_mode((640,480),0)
# 打印默认字体
print pygame.font.get_default_font()
# 定义要渲染的字符串
string = "Hello World"
# 构建字体对象
font = pygame.font.SysFont(None,100,False,True);
# 进行字符串渲染
text = font.render(string, True, (0,255,255))
# 获取字符串尺寸
size = font.size(string)
print size
# 填充窗口
screen.fill((111,111,111))
# 将文本视图渲染到场景中
screen.blit(text,(0,0))
# 进行窗口的刷新
pygame.display.flip()
while True:
    for event in pygame.event.get():
        if event.type==pygame.QUIT:
            pygame.quit()
            exit()
```

运行代码,效果如图 6-3 所示。

图 6-3 进行文本的渲染

- pygame.font.get_default_font() 方法用来获取当前默认的字体名字，与之对应，pygame.font.get_fonts() 方法用来获取全部支持的字体列表，但是在某些操作系统上，这个方法不能很好地使用。

- pygame.font.SysFont() 方法用来创建一个系统的字体对象，之后使用这个字体对象可以进行文本的渲染。在这个方法中，第 1 个参数为字体名，若设置为 None，则表示使用默认字体；第 2 个参数为字号大小；第 3 个参数用来设置是否加粗；第 4 个参数用来设置是否为斜体。还有一个方法也可以用来创建字体对象：pygame.font.Font()，这个方法可以从字体文件中加载自定义的字体，其中第 1 个参数为字体文件；第 2 个参数设置字号大小。

使用字体对象可以进行文本渲染以及对渲染的效果进行设置，字体对象可调用的方法如表 6-4 所示。

表6-4 字体对象可调用的方法

方 法 名	参 数	返 回 值	意 义
render	4个参数，分别说明如下。 text：要渲染的文本 antialias：是否开启抗锯齿 color：文字颜色 background：背景颜色	场景对象	创建一个字体视图
size	1个字符串参数	元组：(width,height)	获取文本尺寸
set_underline	布尔值	None	设置是否有下画线
get_underline	无	布尔值	获取文本渲染是否带下画线

（续表）

方 法 名	参 数	返 回 值	意 义
set_bold	布尔值	None	设置是否加粗文本
get_bold	无	布尔值	获取是否加粗文本
set_italic	布尔值	None	设置是否斜体
get_italic	无	布尔值	获取是否斜体
get_linesize	无	数值	获取线长
get_height	无	数值	获取字体高度

前面我们使用 Pygame 显示英文文本，看上去没有任何问题，但是如果要显示中文字符，系统默认的字体就无法满足要求了，你将看到一行乱码。我们可以使用自定义的字体来进行中文的显示，可以在互联网上下载一款免费的中文字体用于学习。下面的网站提供了许多字体供我们下载，选择一款中意的下载即可：http://font.chinaz.com/。

下载完成后，将以 ttf 为后缀的文件重新命名为 my_font.ttf 并放入和当前 Python 脚本文件相同的目录下，修改代码如下：

```
string = u"Hello Pygame！游戏开发专家～"
font = pygame.font.Font("my_font.ttf",50)
```

需要注意，创建字符串时一定要标记使用unicode编码。运行代码，效果如图6-4所示。

图6-4 渲染自定义字体文本

6.1.4　在游戏中使用图片

图片在游戏中扮演着十分重要的角色，使用图片可以使游戏的界面更加绚丽多彩。在 Pygame 中，image 模块用来加载和渲染图片。继续使用 6.1.3 小节的测试代码，修改如下：

Pygame 中 image 模块的使用

```
#coding:utf-8
import pygame
pygame.init()
screen = pygame.display.set_mode((640,480),0)
print pygame.font.get_fonts()
# 文字
string = u"Hello Pygame！游戏开发专家 ~"
font = pygame.font.Font("my_font.ttf",50)
font.set_underline(True)
print font.get_linesize()
text = font.render(string, True, (0,255,255))
size = font.size(string)
print size
screen.fill((111,111,111))
screen.blit(text,(0,0))
# 图片
img = pygame.image.load("image.png")
img = pygame.transform.scale(img,(640,300))
screen.blit(img,(0,100))
pygame.display.flip()
while True:
    for event in pygame.event.get():
        if event.type==pygame.QUIT:
            pygame.quit()
            exit()
```

运行工程，效果如图 6-5 所示。

需要注意，要渲染的图片素材需要和脚本文件放入同一个目录下，pygame.

image.load 方法的作用是从文件读取图片数据，支持的文件格式包括 JPG、PNG、GIF、BMP、PCX、TGA、TIF、LBM、PBM 和 XPM。Pygame 提供了将场景保存为图片文件的功能，使用 pygame.image.save 方法。在这个方法中，第 1 个参数为一个场景对象，即 Surface 对象；第 2 个参数为保存的图片文件名。例如，我们可以将渲染的文本视图保存为图片，代码如下：

图 6-5 使用 Pygame 进行图片渲染

```
pygame.image.save(text, "shot.png")
```

运行代码后，你会发现在同一级目录下多了一个 shot.png 文件。

6、1、5 理解 Surface 对象

Surface 的字面意思是表面，在 Pygame 中，我们可以将其理解为场景。场景可以进行嵌套，一个窗口是一个场景，窗口中的文本、图片以及各种元素都可以理解为一个场景。同样，我们也可以创建一个自定义的场景对象，之后将其作为父场景，并向其中添加子元素。新建一个 Python 文件，编写如下测试代码：

Pygame 中 Surface 对象的应用

```
#coding:utf-8
import pygame
pygame.init()
screen = pygame.display.set_mode((640,480), 0,32)
sub_surface = pygame.Surface((100,100))
sub_surface.fill((255,0,0))
screen.fill((222,222,222))
screen.blit(sub_surface,(0,0))
pygame.display.flip()
while True:
    event = pygame.event.poll()
    if event.type==pygame.QUIT:
```

```
pygame.quit()
exit()
```

运行代码，可以看到屏幕的左上角添加了一个色块场景，如图 6-6 所示。

表 6-5 列举了 Surface 对象常用的方法。

图 6-6　场景的嵌套

表6-5　Surface对象常用的方法

方 法 名	参 数	意 义
blit	4个参数，分别说明如下。 surface：要进行渲染的场景对象 dest：渲染的位置，设置左上角点的坐标 area：渲染的子场景区域 flag：配置参数	进行子场景的渲染
blits	不定个数参数(surface,dest,area,flag)组成的不定个数元组	渲染一组子场景
convert_alpha	无	将场景中每个像素转换成包含透明通道
copy	无	复制当前场景
fill	3个参数，分别说明如下。 color：设置填充颜色 rect：设置填充区域 flag：配置参数	使用颜色对场景进行填充
set_alpha	0~255之间的整数	设置场景的透明度
get_alpha	无	获取场景的透明度
get_at	1个元组参数	
(x,y)	获取指定点的RGBA颜色值	
set_at	2个参数，分别说明如下。 (x,y)：位置 color：颜色	设置指定点的颜色值
subsurface	1个区域参数(x,y,w,h)	根据传入的区域创建一个新的子场景对象

（续表）

方 法 名	参 数	意 义
get_parent	无	获取父场景对象
get_size	无	获取场景的尺寸
get_width	无	获取场景的宽度
get_height	无	获取场景的高度
get_flags	无	获取场景的配置参数值

Surface 对象是 Pygame 进行游戏编程的基础，Pygame 的游戏界面也是基于 Surface 构建出来的，Surface 对象中的方法虽然繁多，但是使用起来非常方便。

6.1.6 Pygame 中的事件

事件是游戏中的重要部分，我们在学习 Tkinter 时，学习了大量事件绑定的方法。简单来说，事件就是游戏开发者与玩家之间联系的方式。玩家在玩游戏时产生的所有操作都会转化成事件传递给开发者，开发者根据玩家的行为控制游戏的逻辑。常见的 Pygame 事件有玩家使用键盘进行输入，使用鼠标进行单击，等等。

扫码看视频

Pygame 中的事件处理

Pygame 中与事件相关的方法都封装在 event 模块中。新建一个 Python 文件，编写基础的测试代码如下：

```
#coding:utf-8
import pygame
pygame.init()
screen = pygame.display.set_mode((640,480),0)
while True:
    event = pygame.event.poll()
    if event.type==pygame.QUIT:
        pygame.quit()
        exit()
```

上面几行代码是我们学习 Pygame 基础的框架代码，我们称代码中的无限循环为游戏主循环。在每次循环中，我们会尝试获取发生的事件，根据事件可以选择刷新界面、更改游戏逻辑或者退出游戏。上面演示的就是当接收到窗口关闭事件时，我们将游戏引擎关闭并且退出程序。**pygame.event.poll** 方法用来从事件列表中获取一个事件，这个方法会返回一个 Event 事件对象，如果当前没有事件发生，则会返回一个类型为 pygame.NOEVENT 的空事件。Event 对象后面再介绍。下面我们将介绍一些操作事件相关的方法。

- pygame.event.pump 方法没有参数，也没有返回值，我们可以将其理解为处理事件的默认方法。Pygame 要求开发者在主循环中必须对事件进行处理，如果长时间没有处理事件，Pygame 会认为游戏程序已经卡死。因此，如果我们在游戏的主循环中没有使用任何事件操作方法，则一定要调用这个方法。

- pygame.event.get 方法将返回一个事件列表，列表中为事件队列中所有未处理的事件。

- pygame.event.wait 方法与 pygame.event.poll 方法类似，它会返回事件队列中的一个事件。不同的是，如果事件队列为空，则 pygame.event.poll 返回一个空的事件对象，而 pygame.event.wait 方法会一直等待，直到有事件发生。

- pygame.event.peek 方法用来判断在事件队列中是否有指定类型的事件在等待。这个方法可以传入一个事件类型常量或者一个事件类型常量列表，如果队列中有对应类型的事件在等待处理，则返回 True，否则返回 False。

- pygame.event.clear 方法用来清空事件队列中的所有事件。这个方法如果不传参数，则会清空所有事件；如果传一个事件类型或者一组事件类型作为参数，则只会清空对应类型的事件。

- pygame.event.event_name 方法传入事件类型，其会返回对应的事件名称字符串。

- pygame.event.set_blocked 方法用来进行事件过滤，其可以传入一个或一组事件类型，这些类型的事件将不被放入事件处理队列中，这样做的好处是可以提高游戏的性能。与之对应，pygame.event.get_blocked 方法通过传入一个事件类型判断此类型的事件是否被过滤，将返回布尔值。

- pygame.event.set_allowed 方法与 pygame.event.set_blocked 方法刚好相反，用来设置哪些类型的事件允许放入事件处理队列。

- pygame.event.post 方法用来手动向事件处理队列中放入一个事件，需要传入一个 Event 类型的对象。

- pygame.event.Event 方法用来创建事件对象，其第 1 个参数为事件类型；第 2 个参数可以传一个字典，字典中存放事件属性字段。

下面的代码演示手动创建一个事件对象。

```
#coding:utf-8
import pygame
import time
```

```
pygame.init()
screen = pygame.display.set_mode((640,480),0)
e = pygame.event.Event(pygame.USEREVENT,{"key":"value"})
pygame.event.post(e)
while True:
    event = pygame.event.wait()
    print event#<Event(24-UserEvent {'key': 'value'})>
    # time.sleep(1)
    if event.type==pygame.QUIT:
        pygame.quit()
        exit()
```

在 Pygame 中定义了许多种事件类型，每种事件类型搭配不同的属性字段来传递信息，例如鼠标移动类型的事件会将鼠标的位置传递过来，按键事件会将按键的值传递过来，定义的事件类型如表 6-6 所示。

表6-6 定义的事件类型

常 量 名	属性字段	意 义
QUIT	无	关闭事件
ACTIVEEVENT	gain,state	激活或隐藏事件
KEYDOWN	unicode，key，mod	键盘按下事件
KEYUP	key,mod	键盘抬起事件
MOUSEMOTION	pos（位置），rel（偏移量），buttons（鼠标按键）	鼠标移动事件
MOUSEBUTTONUP	pos,button	鼠标按键抬起事件
MOUSEBUTTONDOWN	pos，button	鼠标按键按下事件
JOYAXISMOTION	joy，axis，value	摇杆事件
JOYBALLMOTION	joy，ball，rel	摇杆事件
JOYHATMOTION	joy，hat，value	摇杆事件
JOYBUTTONUP	joy，button	摇杆事件
JOYBUTTONDOWN	joy，button	摇杆事件
VIDEORESIZE	size，w，h	窗口尺寸修改事件
USEREVENT	自定义	用户定义事件

6、1、7 为游戏添加音乐

美妙的音乐可以令一款游戏增光添彩。Pygame 提供了 mixer 模块来对音频设备进行控制。使用这个模块可以十分方便地为游戏添加背景音乐或短促音效。播

放短促的音效通常使用 Sound 对象。首先可以从
互联网上下载一个短促的音效文件（比如1.wav），
新建一个 Python 文件，编写测试代码如下：

```
#coding:utf-8
import pygame
pygame.init()
pygame.display.set_mode((640,480),0)
sound = pygame.mixer.Sound("1.wav")
print type(sound)
while True:
    event = pygame.event.poll()
    if event.type==pygame.QUIT:
        pygame.quit()
        exit()
    if event.type==pygame.KEYDOWN:
        sound.play()
```

运行代码，按键盘上的任意按键，可以听到清脆的敲击声。pygame.mixer.
Sound 方法用来构建 Sound 对象，其中需要传入音频文件的名称。需要注意，音
频文件需要放在与 Python 脚本文件相同的目录下。mixer 模块中封装了许多操作
音频的方法，如表 6-7 所示。

表6-7　mixer模块中封装的操作音频的方法

方 法 名	参　　数	意　　义
pygame.mixer.stop	无	停止播放所有音频
pygame.mixer.pause	无	暂停播放音频
pygame.mixer.unpause	无	取消暂停
pygame.mixer.fadeout	传入毫秒数	设置淡出停止播放
pygame.mixer.set_num_channels	整型数值	设置播放声音频道数
pygame.mixer.get_num_channels	无	获取音频频道数
pygame.mixer.get_busy	无	返回布尔值，获取音频是否正在混合

Sound 对象用来处理某个音频数据的播放，它可以用
来加载 OGG 或 WAV 格式的音频数据。Sound 对象中定义
了一些方法对音频的播放进行操作，如表 6-8 所示（需要
注意，这些方法是 Sound 对象直接调用的）。

表6-8 操作音频播放的方法

方 法 名	参 数	意 义
play	3个参数，分别说明如下。 · loops：整数，设置循环播放次数，若设置为-1，则无限循环播放 · maxtime：设置最大播放时间，单位为毫秒 · fade_ms：设置淡入时间，单位为毫秒	播放音频
stop	无	停止播放此音频
fadeout	数值参数	设置多少毫秒后淡出停止播放
set_volume	0.0~1.0之间	设置音量
get_volume	无	获取音量
get_length	无	获取音频时长
get_raw	无	获取音频数据

在 mixer 模块内部还封装了一个 music 模块，这个模块专门用来处理类似背景音乐的长音频，并且支持 MP3 格式的音频数据。下载一个 MP3 格式的文件，修改上面的测试代码如下：

```python
#coding:utf-8
import pygame
pygame.init()
pygame.display.set_mode((640,480),0)
pygame.mixer.music.load("song.mp3")
while True:
    event = pygame.event.poll()
    if event.type==pygame.QUIT:
        pygame.quit()
        exit()
    if event.type==pygame.KEYDOWN:
        pygame.mixer.music.play()
```

运行代码，按键盘上的任意按键，如果没有产生异常，则计算机将播放音频文件。music 模块一次只能播放一个音频，但是可以和 Sound 对象播放的音频进行混合，这也是 music 模块适合用来播放背景音乐的原因。music 模块中封装的常用方法如表 6-9 所示。

表6-9 music模块中封装的常用方法

方 法 名	参 数	意 义
pygame.mixer.music.load	音频文件路径字符串	加载音频文件
pygame.mixer.music.play	2个参数，分别说明如下。 ·loops：设置循环次数 ·start：浮点数，设置开始播放的时间点	开始播放音频
pygame.mixer.music.rewind	无	从头开始播放音频
pygame.mixer.music.stop	无	停止播放
pygame.mixer.music.pause	无	暂停播放音频
pygame.mixer.music.unpause	无	取消暂停
pygame.mixer.music.fadeout	传入毫秒参数	进行淡出
pygame.mixer.music.set_volume	0~1之间的浮点数	设置音量
pygame.mixer.music.get_volume	无	设置音频音量
pygame.mixer.music.get_busy	无	获取是否正在播放
pygame.mixer.music.set_pos	数值	设置音频的播放位置

6.1.8 对鼠标指针进行设置

在开发游戏时，为了配合游戏的风格，我们往往需要对鼠标指针进行自定义。在 Pygame 中提供了 mouse 模块来对鼠标设备进行设置，使用 mouse 模块可以十分方便地获取鼠标的位置、状态、按键行为，并且可以对样式进行自定义。新建一个 Python 文件，在其中编写如下测试代码：

```
#coding:utf-8
import pygame
pygame.init()
pygame.display.set_mode((640,480),0)
# 设置鼠标样式
pygame.mouse.set_cursor(*pygame.cursors.broken_x)
while True:
    event = pygame.event.poll()
    if event.type==pygame.QUIT:
        pygame.quit()
        exit()
```

上面的代码中，我们将游戏的鼠标指针修改成了 broken_x 样式的。其实 pygame.mouse.set_cursor 方法非常复杂，pygame.cursors 模块中提供了一些方便的变量和方法来对 pygame.mouse.set_cursor 方法中需要的参数进行构造。mouse 模块中的常用方法如表 6-10 所示。

表6-10 mouse模块中的常用方法

方 法 名	参　　数	意　　义
pygame.mouse.get_pressed	无	返回一个3个元素组成的元组，标识鼠标按键状态
pygame.mouse.get_pos	无	获取当前鼠标的绝对位置
pygame.mouse.get_rel	无	获取鼠标距离上一次调用这个函数的相对位置
pygame.mouse.set_pos	(x,y)	设置鼠标指针的位置
pygame.mouse.set_visible	布尔值	设置鼠标指针是否可见
pygame.mouse.set_cursor	(size, hotspot, xormasks, andmasks)	通过位图设置光标样式，参数可以通过 cursors模块构建
pygame.mouse.get_cursor	无	获取鼠标样式描述参数元组

关于鼠标样式，pygame.cursors 模块中默认提供了以下几种：

- pygame.cursors.arrow
- pygame.cursors.diamond
- pygame.cursors.broken_x
- pygame.cursors.tri_left
- pygame.cursors.tri_right

你可以分别对这些样式进行尝试，观察它们的显示效果。

6.2 全副武装——Pygame 中高级模块的应用

6.1 节我们已经学习了 Pygame 中的大部分基础知识，Pygame 给我们提供了大量的模块，可以让我们十分畅快地进行游戏开发。使用前面学习的基础知识，相信你已经可以自己动手开发一些小游戏了，你也可以尝试使用 Pygame 重新编写"猜数字"游戏。

本节将学习 Pygame 中的高级模块。学习完本节内容，你将可以为 Pygame 添加动画支持并使游戏逻辑更加丰满。准备全副武装你的游戏吧！

6.2.1　对场景进行变换

场景是游戏的基础。在游戏开发中，我们常常需要对场景进行简单的变换处理，例如对场景进行翻转、缩放、旋转等。在 Pygame 中提供了 transform 模块来对场景进行变换处理。本节我们来学习 transform 模块的相关使用方法。

新建一个 Python 文件，编写如下测试代码：

```
#coding:utf-8
import pygame
pygame.init()
screen = pygame.display.set_mode((640,480),0)
image = pygame.image.load("image.png")
screen.fill((222,222,222))
screen.blit(image, (screen.get_width()/2-image.get_width()/2,
screen.get_height()/2-image.get_height()/2))
pygame.display.flip()
while True:
    event = pygame.event.poll()
    if event.type==pygame.QUIT:
        pygame.quit()
        exit()
```

上面的代码简单地创建了一个图片场景，并将其放在窗口中心，运行代码，效果如图 6-7 所示。

图 6-7　展示图片场景

pygame.transform.flip 方法用来进行场景的翻转，这个方法会返回一个新的场景对象。这个方法中有 3 个参数，第 1 个参数为要进行翻转的场景对象；第 2 个参数为布尔值，表示是否以 X 轴为参照进行翻转；第 3 个参数也为布尔值，表示是否以 Y 轴为参照进行翻转。修改上面的代码如下：

```
image = pygame.image.load("image.png")
image = pygame.transform.flip(image,True,False)
```

再次运行代码，效果如图 6-8 所示。

pygame.transform.scale 函数用来进行缩放变换。这个方法中，第 1 个参数为要进行缩放的场景；第 2 个参数需要传入一个尺寸元组；第 3 个参数是可选的，可以传入一个目标场景对象，如果设置了，则这个方法不会创建新的场景对象，效率更高。示例代码如下：

```
image = pygame.transform.scale(image,(300,100))
```

运行代码，效果如图 6-9 所示。

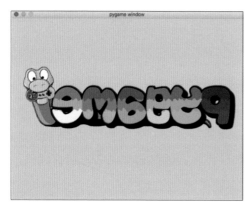

图 6-8 进行场景的翻转

图 6-9 进行场景的缩放

pygame.transform.rotate 方法用来进行场景的旋转。这个方法中，第 1 个参数为要进行旋转的场景；第 2 个参数设置旋转角度（单位为角度值），例如：

```
image = pygame.transform.rotate(image,45)
```

运行代码，效果如图 6-10 所示。

pygame.transform.rotozoom 方法是旋转和缩放的混合方法。其中，第 1 个参数设置要进行变换的场景；第 2 个参数设置旋转角度；第 3 个参数设置缩放比例，例如：

```
image = pygame.transform.rotozoom(image,45,0.5)
```

运行代码，效果如图 6-11 所示。

图 6-10 进行场景的旋转

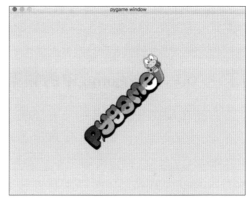

图 6-11 进行旋转和缩放混合变换

pygame.transform.scale2x 是一个便捷的放大方法，传入一个场景对象，直接将其进行 2 倍放大。

pygame.transform.chop 方法用来进行区域的擦除。其中，第 1 个参数设置为要进行变换的场景对象；第 2 个参数传入一个区域，这个区域对应的所有水平像素和垂直像素都会被擦除，例如：

```
image = pygame.transform.chop(image,(0,100,0,100))
```

运行代码，效果如图 6-12 所示。

pygame.transform.laplacian 方法会对场景进行勾边处理，例如：

```
image = pygame.transform.laplacian(image)
```

运行代码，效果如图 6-13 所示。

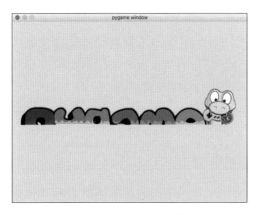

图 6-12 进行场景的部分擦除

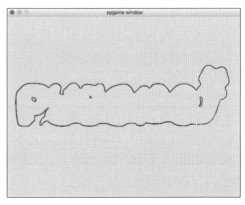

图 6-13 进行场景勾边处理

正如上面列举的这些示例方法，Pygame 的 tramsform 模块中提供了丰富的场景变换函数，使用它们不仅可以十分方便地对场景进行定制化的处理，如果每帧对其进行刷新，则可以实现非常炫酷的动画效果。

6.2.2 Pygame 中的帧率控制

前面我们在编写代码时一直忽略了一个十分重要的游戏参数：帧率。简单地理解，帧率就是游戏在运行过程中界面每秒钟刷新的次数，或者说每秒钟游戏程序可以处理事件的次数。具体到代码中，即主循环的调用频率。

在 Pygame 中提供了 time 模块来管理时间和帧率。首先编写如下测试代码：

```
#coding:utf-8
import pygame
pygame.init()
screen = pygame.display.set_mode((640,480),0)
while True:
    pygame.time.wait(500)
    print pygame.time.get_ticks()
    event = pygame.event.poll()
    if event.type==pygame.QUIT:
        pygame.quit()
        exit()
```

上面的代码中，pygame.time.wait 方法的作用是暂停程序，其中可以传入要暂停的时间，单位为毫秒。pygame.time.get_ticks 方法用来获取当前游戏运行的时间，这个时间是从 Pygame 引擎初始化后开始计算的，单位为毫秒。time 模块中其他常用的方法如表 6-11 所示。

表6-11　time模块中其他常用的方法

方 法 名	参　数	意　义
pygame.time.delay	毫秒数	暂停程序，比pygame.time.wait方法更加精准
pygame.time.Clock	无	创建一个时钟对象

time 模块中的 pygame.time.Clock 方法用来创建一个时钟对象，时钟对象提供方法对帧率进行控制。修改上面的代码如下：

```
#coding:utf-8
import pygame
pygame.init()
screen = pygame.display.set_mode((640,480),0)
clock = pygame.time.Clock()
while True:
    clock.tick(30)
    print pygame.time.get_ticks()
    event = pygame.event.poll()
    if event.type==pygame.QUIT:
        pygame.quit()
        exit()
```

时钟对象的 tick 方法每一帧都要进行调用，其中可以传入一个帧率参数，例如上面的代码表示设置游戏的帧率为 30 帧 / 秒。运行代码，通过打印的游戏运行时间戳可以看出平均 33 毫秒执行一次主循环，和 30 帧 / 秒的帧率是对应的。对应的时钟对象中还有一个 tick_busy_loop 方法，其作用和用法与 tick 方法基本一致，只是更加精准。

时钟对象的 get_time 方法用来获取两帧之间的间隔时间，单位为毫秒。时钟对象中还有一个 get_fps 方法，这个方法的作用是获取当前帧率。

一般在游戏开发中，我们可以设置 30~60 的帧率，即可保证动画流畅运行。下面我们编写代码来演示简单旋转动画的创建，示例代码如下：

```
#coding:utf-8
import pygame
pygame.init()
screen = pygame.display.set_mode((640,480),0)
clock = pygame.time.Clock()
tip = 0.0
image = pygame.image.load("image.png")
screen.fill((222,222,222))
screen.blit(image,(screen.get_width()/2-image.get_width()/2,
screen.get_height()/2-image.get_height()/2))
pygame.display.flip()
# 动画函数
def transform():
    global tip,screen
    print tip
    screen.fill([255,255,255])
    image2 = pygame.transform.rotate(image, 360*tip)
    screen.blit(image2,(screen.get_width()/2-image2.get_
width()/2,screen.get_height()/2-image2.get_height()/2))
```

```
        pygame.display.flip()
        tip = tip+0.03
        if tip>1.0:
            tip=0.0
while True:
    clock.tick_busy_loop(30)
    print clock.get_fps()
    transform()
    event = pygame.event.poll()
    if event.type==pygame.QUIT:
        pygame.quit()
        exit()
```

运行代码，可以看到旋转起来的 Pygame 图标，十分炫酷吧。

6.2.3 使用精灵对象

在 Pygame 中有一个名为 sprite 的模块，即精灵模块。实际上，sprite 模块在 Pygame 中并非核心模块，不使用这个模块依然可以编写游戏。但是使用精灵模块可以使代码的复用性更好，并且更加容易进行场景管理。

前面在绘制界面时，通常是直接创建 Surface 对象，之后将其绘制在其他场景上，这样做非常麻烦。比如某个游戏中可能有五颜六色的球，并且每个球的位置、大小都会变化，这时每一帧都重绘将会十分麻烦，但是我们可以将 "球" 封装成精灵，控制精灵的行为进行界面的重绘。

首先，在 Pygame 的 sprite 模块中定义一个 Sprite 类，这个类是精灵的基类，自定义精灵都要继承自这个类。新建一个为 ball.py 的文件，编写代码如下：

```
#coding:utf-8
import pygame
class Ball(pygame.sprite.Sprite):
    """ 这是一个球精灵 """
    def __init__(self, rect ,color):
        super(Ball, self).__init__()
```

```
print type(rect[2])
self.surface = pygame.Surface((rect[2], rect[3]))
self.surface.fill((222,222,222))
self.rect = rect
pygame.draw.ellipse(self.surface,color,(0,0,rect[2],
rect[3]),0)
```

上面的代码简单地定义了精灵类，通过外部传入位置尺寸和颜色信息进行构建。再新建一个名为 sprite_demo.py 的文件，编写如下代码：

```
#coding:utf-8
import pygame
from ball import Ball
pygame.init()
screen = pygame.display.set_mode((640,480),0)
clock = pygame.time.Clock()
ball1 = Ball((0,0,50,50),(255,0,0))
ball2 = Ball((60,0,50,50),(0,255,0))
ball3 = Ball((120,0,50,50),(0,0,255))
screen.fill((222,222,222))
screen.blit(ball1.surface,ball1.rect)
screen.blit(ball2.surface,ball2.rect)
screen.blit(ball3.surface,ball3.rect)
pygame.display.flip()
while True:
    clock.tick(30)
    event = pygame.event.poll()
    if event.type==pygame.QUIT:
        pygame.quit()
        exit()
```

运行代码，效果如图 6-14 所示。

其实关于精灵还有更多复杂的用法，例如使用精灵组可以方便地控制一组精灵的行为。这些在本书中不详细介绍，有兴趣的读者可以在互联网上查找资料进行学习。

图 6-14 精灵的基本使用

6.3 弹球游戏——使用 Pygame 开发弹球游戏

本节将综合运用前面学习的知识来编写一款弹球游戏，你大显身手的时候到了！无论是开发游戏还是开发软件，在编写代码之前，我们都需要先弄清楚需求，明确需求的过程的专业术语叫"需求分析"。对于弹球游戏，简单的需求分析如下：

（1）执行游戏的主游戏界面。

（2）弹球与挡板精灵。

（3）用户鼠标交互。

（4）开始游戏逻辑。

（5）结束游戏逻辑。

（6）背景音乐与音效。

（7）球的运动轨迹与碰撞反弹逻辑。

（8）当前得分与最高分逻辑。

上面列出的 8 项是弹球游戏的基本功能需求，你可以根据自己的需要扩充这个列表。

6.3.1 弹球精灵与挡板精灵模块的开发

在编写主游戏之前，我们可以先进行独立精灵的封装。新建一个文件夹，命名为 ball_game。在其中新建一个名为 spr.py 的文件，将其作为精灵模块，编写代码如下：

弹球游戏之精灵
的封装

```
#coding:utf-8
import pygame
class Ball(pygame.sprite.Sprite):
    """docstring for Ball"""
    # 设置位置和颜色
    def __init__(self, rect,color):
        super(Ball, self).__init__()
        self.rect = rect
        self.color = color
```

```
        self.image = pygame.Surface((rect[2],rect[3]))
        self.image.fill(pygame.Color(222,222,222))
        pygame.draw.ellipse(self.image, color,
(0,0,rect[2],rect[3]), 0)
    # 挡板类
    class Board(pygame.sprite.Sprite):
        """docstring for Board"""
        # 参数的意义分别为宽度、高度、是否水平方向和颜色
        def __init__(self, width,height, h, color):
            super(Board, self).__init__()
            self.width = width
            self.height = height
            self.h = h
            self.color = color
            self.set_dirHorizontal(h)
        # 设置方向
        def set_dirHorizontal(self,h):
            self.h = h
            if self.h:
                self.image = pygame.Surface((self.width,self.
height))
                self.size = (self.width,self.height)
                self.image.fill(self.color)
            else:
                self.image = pygame.Surface((self.height,self.
width))
                self.size = (self.height,self.width)
                self.image.fill(self.color)
```

上面的代码只是对弹球和挡板进行了简单的精灵绘制。我们并没有实现过多的逻辑，可以编写一个简单的游戏框架来对代码进行测试，如果没有问题，就可以进入后面的开发了。

6.3.2 游戏主界面的开发

在 6.3.1 小节中，我们封装了弹球与挡板精灵。本节编写游戏的主界面，同时验证前面编写的精灵是否有误。新建一个名为 game.py 的文件，在其中编写如下代码：

```
#coding:utf-8
import pygame
import spr
pygame.init()
pygame.display.set_caption(" 趣味弹球 ")
pygame.display.set_icon(pygame.image.load("icon.png"))
screen = pygame.display.set_mode((640,480),0)
ball = spr.Ball((10,10,50,50),(255,0,0))
board = spr.Board(100,5,False,(0,0,255))
board.origin = (0,0,board.size[0],board.size[1])
screen.fill((222,222,222))
screen.blit(ball.image,ball.rect)
screen.blit(board.image,board.origin)
pygame.display.flip()
while True:
    event = pygame.event.poll()
    if event.type==pygame.QUIT:
        pygame.quit()
        exit()
```

运行代码，效果如图 6-15 所示。

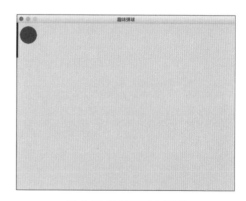

图 6-15 弹球游戏主界面

6、3、3 弹球的运动设计

我们的弹球游戏是一个动态的游戏，因此需要设置一个恰当的帧率，并在每一帧中对界面进行刷新。在游戏开始时需要将弹球放置在窗口的中央，之后以一个随机的方向和速度让弹球进行运动，当弹球碰到窗口的边缘时对其

扫码看视频

弹球游戏之球的运动控制

进行反弹。我们需要借助 pygame 的 time 模块来控制帧率，借助 random 模块来进行速度的随机。

修改 game.py 文件中的代码如下：

```
#coding:utf-8
import pygame
import spr
import random
pygame.init()
pygame.display.set_caption(" 趣味弹球 ")
pygame.display.set_icon(pygame.image.load("icon.png"))
screen = pygame.display.set_mode((640,480),0)
ball = spr.Ball((screen.get_width()/2-25,screen.get_height()/
2-25,50,50),(255,0,0))
board = spr.Board(100,5,False,(0,0,255))
board.origin = (0,0,board.size[0],board.size[1])
screen.fill((222,222,222))
screen.blit(ball.image,ball.rect)
screen.blit(board.image,board.origin)
pygame.display.flip()
# 初始化时钟对象
clock = pygame.time.Clock()
# 随机一个竖直方向上的速度
v_rate = random.randint(-10,10)
# 随机一个水平方向上的速度
h_rate = random.randint(-10,10)
# 弹球移动方法
def ball_move():
    # 根据速度进行 rect 的重设
    ball.rect = (ball.rect[0]+h_rate,ball.rect[1]+v_rate,ball.
rect[2],ball.rect[3])
    screen.fill((222,222,222))
    screen.blit(ball.image,ball.rect)
    pygame.display.flip()
# 进行边缘检查
def checkWall():
    global v_rate,h_rate
    # 碰到边缘时进行速度反向
    if ball.rect[0]<=0 :
        ball.rect = (0,ball.rect[1],ball.rect[2],ball.rect[3])
        h_rate=-h_rate
```

```
        elif ball.rect[0]+ball.rect[2]>=screen.get_width():
            ball.rect = (screen.get_width()-ball.rect[2],ball.
rect[1],ball.rect[2],ball.rect[3])
            h_rate=-h_rate
        if ball.rect[1]<=0:
            ball.rect = (ball.rect[0],0,ball.rect[2],ball.rect[3])
            v_rate=-v_rate
        elif ball.rect[1]+ball.rect[3]>=screen.get_height():
            ball.rect = (ball.rect[0],screen.get_height()-ball.
rect[3],ball.rect[2],ball.rect[3])
            v_rate=-v_rate
    while True:
        # 设置帧率为 30
        clock.tick(30)
        ball_move()
        checkWall()
        event = pygame.event.poll()
        if event.type==pygame.QUIT:
            pygame.quit()
            exit()
```

上面的代码中有着比较详细的注释，代码的功能基本上解释清楚了，但要真正掌握，还要自主思考，动手实践。

6、3、4 挡板的移动控制与胜负判定

本节我们来进行挡板的移动控制与游戏核心逻辑的开发。对于挡板的移动需要时刻监听用户鼠标的移动，之后进行挡板位置的刷新，当弹球即将触碰到窗口边缘时，需要进行弹球位置与挡板位置的判定，如果弹球位置在挡板位置之内，就进行反弹，否则游戏失败。

扫码看视频

弹球游戏之挡板开发

修改 game.py 文件如下：

```
#coding:utf-8
import pygame
import spr
import random
pygame.init()
```

```
pygame.display.set_caption(" 趣味弹球 ")
pygame.display.set_icon(pygame.image.load("icon.png"))
screen = pygame.display.set_mode((640,480),0)
ball = spr.Ball((screen.get_width()/2-25,screen.get_
height()/2-25,50,50),(255,0,0))
board = spr.Board(100,5,False,(0,0,255))
board.rect = (0,0,board.size[0],board.size[1])
screen.fill((222,222,222))
screen.blit(ball.image,ball.rect)
screen.blit(board.image,board.rect)
pygame.display.flip()
# 初始化时钟对象
clock = pygame.time.Clock()
# 随机一个竖直方向上的速度
v_rate = random.randint(-5,5)
# 随机一个水平方向上的速度
h_rate = random.randint(-5,5)
# 标记游戏开始
start = True
# 弹球移动方法
def ball_move():
    # 根据速度进行 rect 的重设
    ball.rect = (ball.rect[0]+h_rate,ball.rect[1]+v_rate,ball.
rect[2],ball.rect[3])
    screen.blit(ball.image,ball.rect)
# 进行边缘检查
def checkWall():
    global v_rate,h_rate,start,ball
    # 检查是否碰到挡板
    if ball.rect[0]<=5 :
        if ball.rect[1]+ball.rect[3]/2>=board.rect[1] and ball.
rect[1]+ball.rect[3]/2<=board.rect[1]+100:
            ball.rect = (5,ball.rect[1],ball.rect[2],ball.
rect[3])
            h_rate=-h_rate
        else:
            start = False
    elif ball.rect[0]+ball.rect[2]>=screen.get_width()-5:
        if ball.rect[1]+ball.rect[3]/2>=board.rect[1] and ball.
rect[1]+ball.rect[3]/2<=board.rect[1]+100:
            ball.rect = (screen.get_width()-ball.rect[2]-5,ball.
rect[1],ball.rect[2],ball.rect[3])
```

```
                h_rate=-h_rate
            else:
                start = False
        if ball.rect[1]<=5:
            if ball.rect[0]+ball.rect[2]/2>=board.rect[0] and ball.
rect[0]+ball.rect[2]/2<=board.rect[0]+100:
                ball.rect = (ball.rect[0],5,ball.rect[2],ball.
rect[3])
                v_rate=-v_rate
            else:
                start = False
        elif ball.rect[1]+ball.rect[3]>=screen.get_height()-5:
            if ball.rect[0]+ball.rect[2]/2>=board.rect[0] and ball.
rect[0]+ball.rect[2]/2<=board.rect[0]+100:
                ball.rect = (ball.rect[0],screen.get_height()-ball.
rect[3]-5,ball.rect[2],ball.rect[3])
                v_rate=-v_rate
            else:
                start = False
    if not start:
        ball = spr.Ball(ball.rect,(77,77,77))
        screen.blit(ball.image,ball.rect)
    pygame.display.flip()
# 控制挡板移动
def wall_move(pos):
    global board
    if pos==None:
        screen.blit(board.image,board.rect)
        return
    x = pos[0]
    y = pos[1]
    if x==0:
        if y>screen.get_height()-100:
            y=screen.get_height()-100
        board = spr.Board(100,5,False,(0,0,255))
        board.rect = (0,y,board.size[0],board.size[1])
    if y==0:
        if x>screen.get_width()-100:
            x=screen.get_width()-100
        board = spr.Board(100,5,True,(0,0,255))
        board.rect = (x,0,board.size[0],board.size[1])
    if x==screen.get_width()-1:
```

```
        if y>screen.get_height()-100:
            y=screen.get_height()-100
        board = spr.Board(100,5,False,(0,0,255))
        board.rect = (screen.get_width()-5,y,board.
size[0],board.size[1])
    if y==screen.get_height()-1:
        if x>screen.get_width()-100:
            x=screen.get_width()-100
        board = spr.Board(100,5,True,(0,0,255))
        board.rect = (x,screen.get_height()-5,board.
size[0],board.size[1])
        screen.blit(board.image,board.rect)
while True:
    # 设置帧率为30
    clock.tick(30)
    event = pygame.event.poll()
    if event.type==pygame.QUIT:
        pygame.quit()
        exit()
    if not start:
        continue
    screen.fill((222,222,222))
    ball_move()
    if event.type==pygame.MOUSEMOTION:
        wall_move(event.__dict__["pos"])
    else:
        wall_move(None)
    checkWall()
    pygame.display.flip()
```

运行代码，可以看到随着鼠标的移动，挡板会跟随鼠标移动，当弹球没有被接住时，游戏结束，效果如图 6-16 所示。

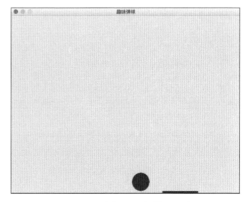

图 6-16 弹球游戏的核心逻辑

6.3.5 游戏重开逻辑与音效添加

在 6.3.4 小节中，我们完成了弹球游戏的整体核心逻辑，但是每当游戏失败后，想要重新开始游戏，必须将游戏关掉重新运行，这是十分麻烦的。本小节我们来添加游戏的重开逻辑，其实十分简单，比如当游戏结束后，我们可以在游戏界面中间显示一行提示文本：按回车键重新开始游戏。并且在游戏的主循环中监听键盘事件，若游戏在结束的状态下玩家按了回车键，则将球的位置和颜色重置，重新随机一个速度和方向即可。

为游戏添加适当的音效是十分有必要的，这样可以极大地增强玩家的游戏体验。以弹球游戏为例，我们可以为其添加背景音乐以及弹球反弹和碰到墙壁时的音效。

关于音效部分，我们可以单独封装一个模块，新建一个名为 game_music.py 的文件，在其中编写如下代码：

```
#coding:utf-8
import pygame
pygame.init()
sound_bg = pygame.mixer.Sound("bg.wav")
sound_tip = pygame.mixer.Sound("tip.wav")
sound_fail = pygame.mixer.Sound("fail.wav")
def play_bg():
    sound_bg.play(-1)
def stop_bg():
    sound_bg.stop()
def play_tip():
    sound_tip.play(0)
def stop_tip():
    sound_tip.stop()
def play_fail():
    sound_fail.play(0)
def stop_fail():
    sound_fail.stop()
```

上面的代码比较简单，首先初始化了 3 个声音对象，之后封装了相应的函数控制声音的播放与停止。需要注意，背景音乐设置了循环播放，其他音效每次都只播放一遍。

完善主游戏文件 game.py，代码如下：

```
#coding:utf-8
import pygame
import spr
import random
import game_music
pygame.init()
pygame.display.set_caption(" 趣味弹球 ")
pygame.display.set_icon(pygame.image.load("icon.png"))
screen = pygame.display.set_mode((640,480),0)
ball = spr.Ball((screen.get_width()/2-25,screen.get_height()/
2-25,50,50),(255,0,0))
board = spr.Board(100,5,False,(0,0,255))
board.rect = (0,0,board.size[0],board.size[1])
screen.fill((222,222,222))
screen.blit(ball.image,ball.rect)
screen.blit(board.image,board.rect)
pygame.display.flip()
# 初始化时钟对象
clock = pygame.time.Clock()
# 随机一个竖直方向上的速度
v_rate = random.randint(-5,5)
# 随机一个水平方向上的速度
h_rate = random.randint(-5,5)
# 标记游戏开始
start = True
# 开始游戏提示
start_text = u" 敲击回车重新开始游戏 "
# 自定义字体
font = pygame.font.Font("my_font.ttf",50)
text = font.render(start_text, True, (0,0,255))
size = font.size(start_text)
game_music.play_bg()
# 弹球移动方法
def ball_move():
    # 根据速度进行 rect 的重设
```

```
        ball.rect = (ball.rect[0]+h_rate,ball.rect[1]+v_rate,ball.
rect[2],ball.rect[3])
        screen.blit(ball.image,ball.rect)
    # 进行边缘检查
    def checkWall():
        global v_rate,h_rate,start,ball
        # 检查是否碰到挡板
        if ball.rect[0]<=5 :
            if ball.rect[1]+ball.rect[3]/2>=board.rect[1] and ball.
rect[1]+ball.rect[3]/2<=board.rect[1]+100:
                ball.rect = (5,ball.rect[1],ball.rect[2],ball.
rect[3])
                h_rate=-h_rate
                game_music.play_tip()
            else:
                start = False
                game_music.play_fail()
        elif ball.rect[0]+ball.rect[2]>=screen.get_width()-5:
            if ball.rect[1]+ball.rect[3]/2>=board.rect[1] and ball.
rect[1]+ball.rect[3]/2<=board.rect[1]+100:
                ball.rect = (screen.get_width()-ball.rect[2]-5,ball.
rect[1],ball.rect[2],ball.rect[3])
                h_rate=-h_rate
                game_music.play_tip()
            else:
                start = False
                game_music.play_fail()
        if ball.rect[1]<=5:
            if ball.rect[0]+ball.rect[2]/2>=board.rect[0] and ball.
rect[0]+ball.rect[2]/2<=board.rect[0]+100:
                ball.rect = (ball.rect[0],5,ball.rect[2],ball.
rect[3])
                v_rate=-v_rate
                game_music.play_tip()
            else:
                start = False
                game_music.play_fail()
        elif ball.rect[1]+ball.rect[3]>=screen.get_height()-5:
            if ball.rect[0]+ball.rect[2]/2>=board.rect[0] and ball.
rect[0]+ball.rect[2]/2<=board.rect[0]+100:
                ball.rect = (ball.rect[0],screen.get_height()-ball.
rect[3]-5,ball.rect[2],ball.rect[3])
```

```
                v_rate=-v_rate
                game_music.play_tip()
            else:
                start = False
                game_music.play_fail()
        if not start:
            ball = spr.Ball(ball.rect,(77,77,77))
            screen.blit(ball.image,ball.rect)
            screen.blit(text,(screen.get_width()/2-size[0]/2,screen.
get_height()/2-size[1]/2))
            pygame.display.flip()
            game_music.stop_bg()
    # 控制挡板移动
    def wall_move(pos):
        global board
        if pos==None:
            screen.blit(board.image,board.rect)
            return
        x = pos[0]
        y = pos[1]
        if x==0:
            if y>screen.get_height()-100:
                y=screen.get_height()-100
            board = spr.Board(100,5,False,(0,0,255))
            board.rect = (0,y,board.size[0],board.size[1])
        if y==0:
            if x>screen.get_width()-100:
                x=screen.get_width()-100
            board = spr.Board(100,5,True,(0,0,255))
            board.rect = (x,0,board.size[0],board.size[1])
        if x==screen.get_width()-1:
            if y>screen.get_height()-100:
                y=screen.get_height()-100
            board = spr.Board(100,5,False,(0,0,255))
            board.rect = (screen.get_width()-5,y,board.
size[0],board.size[1])
        if y==screen.get_height()-1:
            if x>screen.get_width()-100:
                x=screen.get_width()-100
            board = spr.Board(100,5,True,(0,0,255))
            board.rect = (x,screen.get_height()-5,board.
size[0],board.size[1])
```

```
        screen.blit(board.image,board.rect)
    while True:
        # 设置帧率为30
        clock.tick(30)
        event = pygame.event.poll()
        if event.type==pygame.QUIT:
            pygame.quit()
            exit()
        if not start:
            if event.type==pygame.KEYUP and event.__dict__
["key"]==pygame.K_RETURN:
                    # 重新开始游戏
                    ball = spr.Ball((screen.get_width()/2-25,screen.get_
height()/2-25,50,50),(255,0,0))
                    start = True
                    # 随机一个竖直方向上的速度
                    v_rate = random.randint(-5,5)
                    # 随机一个水平方向上的速度
                    h_rate = random.randint(-5,5)
                    game_music.play_bg()
            continue
        screen.fill((222,222,222))
        ball_move()

        if event.type==pygame.MOUSEMOTION:
            wall_move(event.__dict__["pos"])
        else:
            wall_move(None)
        checkWall()
        pygame.display.flip()
```

需要注意，重新开始游戏的逻辑中，一定要重新随机水平和竖直方向的速度，并且将游戏的标志位 start 置为 True。运行代码，效果如图 6-17 所示。好好体验一下优化后的弹球游戏吧。

图 6-17 优化后的弹球游戏

6、3、6 游戏分数逻辑开发

回顾一下前面列举的需求，其中除了游戏的得分与最高成绩记录功能尚未编写外，其他功能都已经实现了。本小节我们来编写游戏的得分系统，完成得分系统后，预定的游戏功能就开发完成了。预定功能开发完成不代表游戏已经完善，不论是应用程序还是游戏，都是在不断迭代的过程中优化完善的，以弹球游戏为例，后面还可以思考加入难度体系，调节速度和球的个数等。

记录游戏的最高得分需要使用到 Python 操作文件的能力，首先在项目的文件夹下新建一个名为 re.txt 的文件用来记录得分，这个文件中不需要写任何内容。之后新建一个名为 record.py 的文件作为分数读取与存储模块，在其中编写如下代码：

```
#coding:utf-8
def read_record():
    file = open("re.txt",'r')
    record = file.read()
    file.close()
    if len(record)==0:
        return "0"
    else:
        return record
def write_record(record):
    file = open("re.txt","w")
    file.write(record)
    file.close()
```

上面的代码中提供了两个方法，分别用来对分数进行读取和存储。修改 game.py 文件，向主界面中添加两个文本框，用来显示当前得分与最高得分。关于当前得分，游戏开始时得分为 0，每当球进行一个成功的反弹，分数加 1。完整的代码如下：

```
#coding:utf-8
import pygame
import spr
import random
import game_music
import record
```

```
pygame.init()
pygame.display.set_caption(" 趣味弹球 ")
pygame.display.set_icon(pygame.image.load("icon.png"))
screen = pygame.display.set_mode((640,480),0)
ball = spr.Ball((screen.get_width()/2-25,screen.get_
height()/2-25,50,50),(255,0,0))
board = spr.Board(100,5,False,(0,0,255))
board.rect = (0,0,board.size[0],board.size[1])
screen.fill((222,222,222))
screen.blit(ball.image,ball.rect)
screen.blit(board.image,board.rect)
# 初始化时钟对象
clock = pygame.time.Clock()
# 随机一个竖直方向上的速度
v_rate = random.randint(-5,5)
# 随机一个水平方向上的速度
h_rate = random.randint(-5,5)
# 标记游戏开始
start = True
# 开始游戏提示
start_text = u" 敲击回车重新开始游戏 "
# 自定义字体
font = pygame.font.Font("my_font.ttf",50)
text = font.render(start_text, True, (0,0,255))
size = font.size(start_text)
# 成绩相关
current_record = 0
max_record = record.read_record()
font2 = pygame.font.Font("my_font.ttf",20)
current_record_text = font2.render(u" 当前得分 %d"%current_record,
True, (0,0,255))
size2 = font.size(u" 当前得分 %d"%current_record)
max_record_text = font2.render(u" 历史最高 %s"%max_record, True,
(0,0,255))
size3 = font.size(u" 历史最高 %s"%max_record)
screen.blit(current_record_text,(20,20,size2[0],size2[1]))
screen.blit(max_record_text,(screen.get_width()-size3[0]-
20,20,size3[0],size3[1]))
game_music.play_bg()
pygame.display.flip()
# 记录得分
```

```python
    def change_record():
        current_record_text = font2.render(u"当前得分 %d"%current_record, True, (0,0,255))
        size2 = font.size(u"当前得分 %d"%current_record)
        max_record_text = font2.render(u"历史最高 %s"%max_record, True, (0,0,255))
        size3 = font.size(u"历史最高 %s"%max_record)
        screen.blit(current_record_text,(20,20,size2[0],size2[1]))
        screen.blit(max_record_text,(screen.get_width()-size3[0]-20,20,size3[0],size3[1]))
    # 弹球移动方法
    def ball_move():
        # 根据速度进行 rect 的重设
        ball.rect = (ball.rect[0]+h_rate,ball.rect[1]+v_rate,ball.rect[2],ball.rect[3])
        screen.blit(ball.image,ball.rect)
    # 进行边缘检查
    def checkWall():
        global v_rate,h_rate,start,ball,max_record,current_record
        # 检查是否碰到挡板
        if ball.rect[0]<=5 :
            if ball.rect[1]+ball.rect[3]/2>=board.rect[1] and ball.rect[1]+ball.rect[3]/2<=board.rect[1]+100:
                ball.rect = (5,ball.rect[1],ball.rect[2],ball.rect[3])
                h_rate=-h_rate
                game_music.play_tip()
                current_record+=1
            else:
                start = False
                game_music.play_fail()
        elif ball.rect[0]+ball.rect[2]>=screen.get_width()-5:
            if ball.rect[1]+ball.rect[3]/2>=board.rect[1] and ball.rect[1]+ball.rect[3]/2<=board.rect[1]+100:
                ball.rect = (screen.get_width()-ball.rect[2]-5,ball.rect[1],ball.rect[2],ball.rect[3])
                h_rate=-h_rate
                game_music.play_tip()
                current_record+=1
            else:
                start = False
```

```
                game_music.play_fail()
        if ball.rect[1]<=5:
            if ball.rect[0]+ball.rect[2]/2>=board.rect[0] and ball.
rect[0]+ball.rect[2]/2<=board.rect[0]+100:
                ball.rect = (ball.rect[0],5,ball.rect[2],ball.
rect[3])
                v_rate=-v_rate
                game_music.play_tip()
                current_record+=1
            else:
                start = False
                game_music.play_fail()
        elif ball.rect[1]+ball.rect[3]>=screen.get_height()-5:
            if ball.rect[0]+ball.rect[2]/2>=board.rect[0] and ball.
rect[0]+ball.rect[2]/2<=board.rect[0]+100:
                ball.rect = (ball.rect[0],screen.get_height()-ball.
rect[3]-5,ball.rect[2],ball.rect[3])
                v_rate=-v_rate
                game_music.play_tip()
                current_record+=1
            else:
                start = False
                game_music.play_fail()
        if not start:
            ball = spr.Ball(ball.rect,(77,77,77))
            screen.blit(ball.image,ball.rect)
            screen.blit(text,(screen.get_width()/2-size[0]/2,screen.
get_height()/2-size[1]/2))
            pygame.display.flip()
            game_music.stop_bg()
            # 记录最高分
            if int(max_record)<current_record:
                record.write_record("%d"%current_record)
                max_record = "%d"%current_record
    # 控制挡板移动
    def wall_move(pos):
        global board
        if pos==None:
            screen.blit(board.image,board.rect)
            return
        x = pos[0]
```

```python
        y = pos[1]
        if x==0:
            if y>screen.get_height()-100:
                y=screen.get_height()-100
            board = spr.Board(100,5,False,(0,0,255))
            board.rect = (0,y,board.size[0],board.size[1])
        if y==0:
            if x>screen.get_width()-100:
                x=screen.get_width()-100
            board = spr.Board(100,5,True,(0,0,255))
            board.rect = (x,0,board.size[0],board.size[1])
        if x==screen.get_width()-1:
            if y>screen.get_height()-100:
                y=screen.get_height()-100
            board = spr.Board(100,5,False,(0,0,255))
            board.rect = (screen.get_width()-5,y,board.
size[0],board.size[1])
        if y==screen.get_height()-1:
            if x>screen.get_width()-100:
                x=screen.get_width()-100
            board = spr.Board(100,5,True,(0,0,255))
            board.rect = (x,screen.get_height()-5,board.
size[0],board.size[1])
        screen.blit(board.image,board.rect)
    while True:
        # 设置帧率为30
        clock.tick(30)
        event = pygame.event.poll()
        if event.type==pygame.QUIT:
            pygame.quit()
            exit()
        if not start:
            if event.type==pygame.KEYUP and event.__dict__
["key"]==pygame.K_RETURN:
                # 重新开始游戏
                ball = spr.Ball((screen.get_width()/2-25,screen.get_
height()/2-25,50,50),(255,0,0))
                start = True
                # 随机一个竖直方向上的速度
                v_rate = random.randint(-5,5)
                # 随机一个水平方向上的速度
```

```
        h_rate = random.randint(-5,5)
        game_music.play_bg()
        current_record = 0
        continue
screen.fill((222,222,222))
ball_move()
if event.type==pygame.MOUSEMOTION:
    wall_move(event.__dict__["pos"])
else:
    wall_move(None)
checkWall()
change_record()
pygame.display.flip()
```

上面的代码中有两点需要注意，一是当游戏结束时，需要判断当前的得分是否大于历史最高得分，如果是，则更新历史最高得分并进行存储；二是在重新开始游戏的逻辑中，不要忘记将当前得分重置。游戏效果如图 6-18 所示。

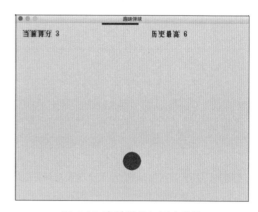

图 6-18 当前得分与历史分数

截至目前，关于 Pygame 的学习就告一段落了。Pygame 只是 Python 关于游戏开发的一个框架，只是 Python 的应用方向之一。当然，对于大部分同学来说，编写游戏可能是学习编程最大的乐趣。如果是这样，建议你发挥想象，继续完善这个游戏。如果你对游戏不感兴趣，后面的章节为你准备了更多的 Python 应用方向的内容，在期待中继续学习吧。

第7章

使用 Python 制作个人博客网站

Python 除了在编写桌面应用和游戏时是一把好手之外，更大的闪光点在于其有强大的框架支持网站开发。目前许多知名公司都在使用 Python 作为其部分服务的开发语言，例如 Google、YouTube、豆瓣网等。

对于个人爱好者和学习者来说，学习使用 Python 编写网站也大有益处。如果你是某个领域的热诚爱好者，那么你可以通过编程技术构建一个自己的博客，与志同道合的网友分享。

本章以个人博客网站为例循序渐进地介绍网站开发的完整过程。学习完本章内容，你将会对 Python 的应用有更深的理解，并且实实在在地掌握一门网站开发技术。

7.1 冲向 Internet——关于开发网站的二三事

互联网让我们的社会和生活发生了翻天覆地的变化。不知你是否能够想象没有互联网的日子是怎样的。我们可以简单地想象一下：当你需要查找一个数学公式、一个历史典故或者其他学习资料时，可能需要在书架上翻阅好久，甚至需要跑一趟图书馆；当你需要联系一个好久不见的老友时，可能需要查找地址并且写一封几日后他才会收到的信；当你想观看新上映的电影、想听新发布的偶像专辑时，可能要预约去电影院的时间，甚至跑到另一个城市看演唱会。有了互联网，这一切只需要动动手指而已。

互联网让我们的生活变得更加便利和高效，互联网最初、最基础的应用就是网站，各色各样的内容和服务都可以通过网站提供给用户。

7.1.1 网站是怎么开发出来的

学习网站的工作流程首先需要明确 3 个概念：客户机、浏览器和服务器。

客户机是指用户使用的具体硬件设备，比如个人电脑、手机、平板都属于客户机。浏览器是运行在客户机上的一个软件，比如 IE、Chrome、火狐都是十分流行的浏览器软件。服务器是我们需要重点关注的，它的作用是向服务端提供数据。向服务端提供数据的方式有两种，一种是所有逻辑由服务端完成，直接将要渲染的数据返回给客户端渲染，这是一种比较传统的网站模式；另一种是在网站渲染过程中，客户端和服务端不停地通信，服务端只将网站的页面结构和原始的内容数据返回给客户端，客户端动态地解析数据之后对数据进行渲染，这种方式中，客户端承担了一部分逻辑处理，减少了服务端的压力。如图 7-1 所示是网站渲染的流程示意图。

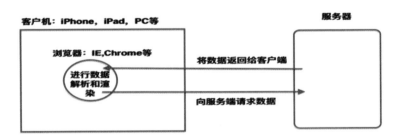

图 7-1 网站渲染的流程示意图

从图 7-1 中可以看出，网站开发这一领域是分前端和后端的。后端着重于数据逻辑的处理，而前端主要负责页面的展示。对于前端，开发一个完整的网站至少需要 3 方面的技术：

（1）网页结构骨架 HTML 技术。

（2）网页布局与样式 CSS 技术。

（3）用户逻辑与动态渲染逻辑 JavaScript 技术。

由于前端开发不是本书的重点，因此在这里不需要对上面 3 种技术做过多的研究，只需要简单地了解它们的作用即可。后面会带你简单认识 HTML 和 CSS 的功能和用法。

7.1.2 网站的 HTML 骨架

HTML 是用来描述网站的一种语言，它的全称是 Hyper Text Markup Language（超文本标记语言）。需要注意，与其说 HTML 是一种编程语言，不如说它是一种标记语言，即它不处理逻辑，只描述结构。

在 HTML 语言中，标签是非常重要的概念。标签一般成对出现，有开始标签和结束标签。标签定义一种元素，例如网页文档中的标题可以使用 `<title></title>` 标签来定义，浏览器解析不同的标签来进行网页的渲染。

新建一个名为 demo.html 的网页文件，在其中编写如下代码：

```
<!DOCTYPE html>
<html>
<head>
    <title> 我的第一个网页 </title>
</head>
<body>
    <h1>Hello World</h1>
    <h2>HTML</h2>
    <p>HTML 是一种标记语言，专门用来描述网页 </p>
    <h2>Python</h2>
    <p>Python 是一种十分全能的编程语言，可以用来开发桌面应用、游戏、网站，
甚至可以开发爬虫程序，进行科学计算和机器学习。</p>
</body>
</html>
```

其中，`<html></html>` 是文档标签，`<head></head>` 是文档头部标签，用来定义一些配置选项，里面的 `<title></title>` 标签定义整个网页的标题。`<body></body>` 标签是文档的主体内容，其中 `<h1></h1>` 标签用来定义 1 级标题，`<h2></h2>` 标签用来定义 2 级标题，`<p></p>` 标签用来定义段落。这个文件就是一个简单的网页，使用浏览器打开它，如图 7-2 所示。看一下你制作的第一个网页的效果吧！

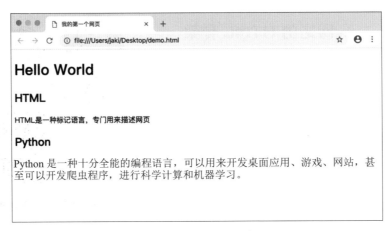

图 7-2 简单的网页渲染效果

7.1.3 网站的 CSS 样式表

CSS 的全称是 Cascading Style Sheets，即层叠样式表。HTML 定义了网页的骨骼架构，CSS 则定义具体的 HTML 如何进行显示。简单来说，CSS 用来设置网页元素的布局、颜色、字体、间距等，复杂一点，CSS 还可以设置高级的网页动画。

继续 7.1.2 小节我们编写的 HTML 文件，将样式表相关代码修改如下：

```
<!DOCTYPE html>
<html>
<head>
    <title> 我的第一个网页 </title>
    <style type="text/css">
        .h2 {
            color: #00ff00;
        }
        #h2{
            background-color: #ff0000;
        }
        p{
            font-size: 25px;
        }
```

```
        h1{
            margin: 0,auto;
            text-align: center;
        }
    </style>
</head>
<body>
    <h1>Hello World</h1>
    <h2 class="h2">HTML</h2>
    <p>HTML 是一种标记语言，专门用来描述网页 </p>
    <h2 id="h2">Python</h2>
    <p>Python 是一种十分全能的编程语言，可以用来开发桌面应用、游戏、网站，
甚至可以开发爬虫程序，进行科学计算和机器学习。</p>
    </body>
    </html>
```

如上面的代码所示，在 <head></head> 标签中添加了 <style></style> 标签，这个标签的作用是进行样式表的定义。在 CSS 样式表中有 3 种常用的标签定义方式，第 1 种是直接使用标签名来定义，文档中所有的标签都会生效；第 2 种是通过类选择器，即标签中的 class 属性的值，使用"#"加上标签名来定义；第 3 种是通过 id 选择器，即标签中的 id 属性的值，使用"."加上标签名来定义。上面的 CSS 代码只演示了几种样式的定义，如 color 定义颜色、background-color 定义背景色、font-size 定义文字的字体大小、margin 设置标签的外边距、text-align 设置文本的对齐方式。除了这些常用的 CSS 样式字段外，CSS 样式表还有许多可以进行定义的字段，有兴趣的同学可以继续学习并编写代码测试。重新在浏览器中打开这个 HTML 文件，效果如图 7-3 所示。

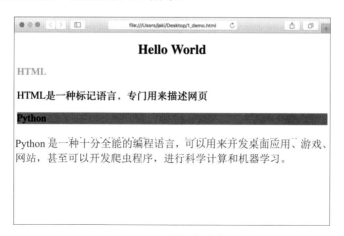

图 7-3 CSS 样式表的效果

7.2 开发网站的脚手架——Django 框架的应用

脚手架是开发一个庞大工程必备的工具。平地而起的高楼大厦在建造的时候，首先需要搭建的就是脚手架，脚手架是方便工人进行工作的结构框架。开发的网站可以是一个简单的活动页面，也可以是一整套复杂的业务系统。无论是简单的网页还是复杂的系统，其核心工作方式和开发流程都是一致的。脚手架帮助我们来做这些通用的流程，脚手架框架将这些通用的功能封装成接口直接供我们调用。

本节我们将学习一款非常流行的 Python Web 框架——Django。

7.2.1 Django 框架的安装

学习 Python 网站开发，Django 是不得不学习的一个框架。Python 下有许多优秀的 Web 框架，Django 是其中重量级的，也是非常流行的一种。有许多成功的网站都是使用 Django 开发出来的。

在安装和学习 Django 之前，我们首先需要学习另一款工具的使用：Virtualenv。Virtualenv 是一款用来管理 Python 开发环境的工具。默认情况下，我们安装的第三方模块都会直接安装在系统 Python 目录中，这样是非常不方便的，当我们需要同时维护多个 Python 项目且不同的项目依赖不同版本的第三方框架时，就会出现问题。

Virtualenv 就是为了解决上述问题而产生的一个 Python 环境管理工具，我们可以使用 pip 直接安装它，命令如下：`pip install virtualenv`

Virtualenv 工具安装完成后，我们可以新建一个文件夹，例如命名为 python_proj，使用终端的 cd 命令进入 python_proj 文件夹下，使用如下命令创建一个干净的 Python 运行环境：`virtualenv --no-site-packages myenv`

执行完上述命令，Virtualenv 就创建了一个单独的 Python 运行环境，且是干净的环境，名为 env。所谓干净，是指我们之前安装的第三方模块都没有被引用进来。使用如下命令激活环境：`source myenv/bin/activate`

激活环境后，在终端的所有操作和第三方框架的安装都将和此环境绑定，并且终端的命令符前会有环境名的提示，如图 7-4 所示。

```
[jakideMBP:python_proj jaki$ source myenv/bin/activate
(myenv) jakideMBP:python_proj jaki$
```

图 7-4　激活 Python 运行环境

在创建的 myenv 环境下安装 Django 框架，命令如下：

```
pip install django
```

如果执行上面的命令后没有产生任何错误，则 Django 框架安装成功。但是需要注意，这里安装的 Django 只在 myenv 环境下可用，Virtualenv 实现了不同项目 Python 环境的隔离。要退出当前 Python 运行环境，使用如下命令即可：

```
deactivate
```

7.2.2　创建第一个 Django 项目

安装 Django 后，会自带一个 django-admin 命令工具，使用这个工具可以十分方便地进行项目的创建和管理。首先激活 7.2.1 小节创建的 myenv 运行环境：

```
source myenv/bin/activate
```

使用如下命令进行工程的创建：

```
django-admin startproject HelloWorld
```

上面的指令帮助我们在当前文件夹下创建了一个名为 HelloWorld 的 Django 工程。需要注意，在命名文件夹时，不要采用中文字符，如果路径中有中文字符，就会导致 Django 工程创建失败。

初始化的 Django 工程会默认生成 1 个文件夹和 5 个 Python 文件，目录结构如图 7-5 所示。

图 7-5　初始化的 Django 工程目录结构

如图 7-5 所示，工程中的 HelloWorld 文件夹是项目的主目录，其中存放项目所需的初始文件，manage.py 是一个命令行工具，使用它可以方便地与 Django 项目进行交互。

在 HelloWorld 文件夹下，__init__.py 是一个空文件，但是它很重要。我们在学习 Python 的模块和包的时候讲过，如果在一个文件夹中创建一个名为 __init_.py 的文件，则 Python 会将这个文件夹作为包进行引用，__init__.py 中的代码会在加载包时运行。

- setting.py 文件用来进行 Django 项目的配置，数据库、路由、用户以及静态资源相关设置都在此文件中进行配置。
- urls.py 文件为项目的路由文件，你可以简单地理解为这里配置网页对应的网址或资源路径。
- wsgi.py 文件提供 Web 服务器的入口，帮助我们运行项目。

熟悉上述几个文件的作用后，我们可以不必多写一句代码，直接运行这个 Django 网站。在终端的 myenv 运行环境下进入 HelloWorld 项目目录（与 manage.py 同级的目录），运行如下命令：

```
python manage.py runserver 0.0.0.0:8000
```

上述命令的作用是启动 Web 服务器，让其监听本机上所有绑定地址的 8000 端口。下面我们在浏览器中测试 Web 服务器的运行。打开浏览器，在其中输入如下地址：http://127.0.0.1:8000。

进行访问，如果浏览器出现如图 7-6 所示的界面，就表示 Web 服务器启动成功，在终端使用 Control+C 键可以将服务器关闭。

图 7-6 Web 服务器启动界面

我们其实已经在访问 Django 网站了，但是由于没有进行任何网页视图的配置，Django 显示的是一个默认界面。下面我们简单地完成 HelloWorld 项目。首先，在

HelloWorld 工程的 HelloWorld 目录下新建一个名为 view.py 的文件，其中编写代码如下：

```
from django.http import HttpResponse
def hello(request):
    response = HttpResponse("Hello World!")
    return response
```

上面定义了一个页面处理函数 "hello"，其实这个函数的作用是返回网页页面的数据，其中简单地返回了一行文本 "Hello World"。需要注意，HttpResponse 专门构建用来描述 HTTP 请求绘制的数据体。下面我们在 urls.py 中进行页面路由的配置，修改 urls.py 文件中的代码如下：

```
from django.conf.urls import url
from django.contrib import admin
import view
urlpatterns = [
    url(r'^admin/', admin.site.urls),
    url('hello',view.hello),
]
```

和初始的 urls.py 相比，这里只添加了两行代码。import 用来引入新建的 view 模块，在 urlpatterns 数组中新追加了一条路由配置。url() 函数的第 1 个参数用来进行界面路径的设置，这里可以设置为一个绝对的字符串，也可以使用正则表达式进行匹配；第 2 个参数用来设置对应的界面渲染函数。

完成上面的修改后，重新启动服务器，访问下面的网址路径：http://127.0.0.1:8000/hello。

这时界面如图 7-7 所示，我们的第一个 Django 项目 HelloWorld 就大功告成了。

图 7-7 HelloWorld 项目效果

后面你会发现，其实 Django 将复杂的服务器配置、网站路由、数据传输、数据库、管理后台以及用户管理等逻辑都在内部进行处理。我们开发网站时，只需要简单地调用一些选项的配置即可，非常快捷方便。

7、2、3 Django 中对视图和路由的管理

关于视图与路由的关系，大家在 7.2.2 小节已经有切身的体验。前面的 HelloWorld 工程实际上只是简单的视图和路由的功能演示，在真正的网站中，视图和路由都非常复杂。

扫码看视频
使用路由向视图传参

一般我们在使用 Django 开发网站时，首先会创建一个 Django 工程，在 Django 工程中根据需要创建多个应用程序。工程中包含一些全局配置，这些配置项控制平台的全局运行，各个应用程序都运行在这个平台上。应用程序则代表相对独立的功能模块，一个网站中可能有多个功能模块，每个模块都可以独立成一个应用程序，当然比较通用的应用程序也可以在多个工程中复用。首先激活 virtualenv 的运行环境，在 python_proj 工程下使用如下命令新建一个名为 application 的应用程序：

```
django-admin startapp application
```

之后，python_proj 工程的目录结构如图 7-8 所示。

从图 7-8 中可以看到，创建的应用程序默认生成了一些文件与文件夹。

- migrations 包用来进行数据库的初始化，即管理。

- admin.py 是 Django 自带的一个后台管理系统，可以在其中进行数据模型的注册管理。

- models.py 用来定义数据模型类。

- views.py 用来定义应用程序的视图。

- texts.py 是一个测试模块，可以在其中编写测试代码。

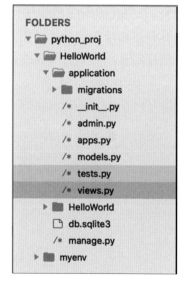

图 7-8 Django 工程目录结构

下面我们来实现一个简单的网页加法器模块。首先将刚才创建的 application 应用程序在工程中注册，在 settings.py 文件的 INSTALLED_APPS 数组中注册，代码如下：

```
INSTALLED_APPS = [
    'django.contrib.admin',
    'django.contrib.auth',
    'django.contrib.contenttypes',
    'django.contrib.sessions',
    'django.contrib.messages',
    'django.contrib.staticfiles',
    'application',
]
```

在 application 应用程序的 views.py 文件中定义如下界面函数：

```
# -*- coding: utf-8 -*-
from __future__ import unicode_literals
from django.shortcuts import render
from django.http import HttpResponse
# 加法器界面函数
def addFunc(request):
    # 从请求中获取参数
    a = int(request.GET['a'])
    b = int(request.GET['b'])
    return HttpResponse(str(a+b))
```

上面的代码中，request 对象的 GET 方法会获取 GET 请求 URL 中的参数列表，并且会将列表中的参数解析成字典，这里暂且将参数名分别定义为 a 和 b。下面在工程的 urls.py 中进行路由的定义。

```
import application.views
urlpatterns = [
    url(r'^admin/', admin.site.urls),
    url('hello',view.hello),
    url('add/',application.views.addFunc),
]
```

启动服务器，在浏览器中输入如下地址，可以看到网页计算器的计算结果显示在浏览器窗口中。 `127.0.0.1:8000/add/?a=4&b=50`

上面演示了根据不同的参数渲染界面的原理。上面示例的网址 URL 是规范的 GET 请求参数传递方式，Django 支持更加灵活的传参方式，比如将 URL 路径中的部分作为参数进行传递。在 application 应用程序的 views.py 下新创建一个函数如下：

```
def addFunc2(request,a,b):
    return HttpResponse(str(a+b))
```

修改 urls.py 的路由配置如下：

```
urlpatterns = [
    url(r'^admin/', admin.site.urls),
    url('hello',view.hello),
    url('add/',application.views.addFunc),
    url('add2/(\d+)/(\d+)/',application.views.addFunc2)
]
```

在路由配置中，"add/(\d+)/(\d+)/" 是一个正则表达式，其中 (\d+) 表示任意一个数值，并且将此数值单独包成一个组当作路由的参数。在浏览器中重新输入如下路径进行测试，可以看到浏览器界面依然可以计算出正确的值：http://127.0.0.1:8000/add2/5/6/。

7.2.4 Django 网页模板的使用

无论是前面的 HelloWorld 工程还是网页加法器程序，都只是简单地在网页上显示文本。严格地说，这不是网站开发，要编写出绚丽多彩的网页，我们需要使用 HTML 模板。

在前面的 application 应用程序的 views.py 文件中新定义一个页面函数，代码如下：

```
# 登录页面
def login(request):
    return render(request,'login.html')
```

上面使用到了 render 函数，这个函数的作用是进行 HTML 模板的渲染，其中第 1 个参数为传递进来的请求对象，第 2 个参数为模板名称。在 application 文件夹下新建一个名为 templates 的文件夹，Django 会默认从这个文件夹中寻找模板文件。在其中新建一个名为 login.html 的文件，编写代码如下：

```
<!DOCTYPE html>
<html>
<head>
    <meta charset="utf-8">
    <title>珲少的 Python 学堂 </title>
    <style type="text/css">
        h1{
```

```
            text-align: center;
        }
        form{
            text-align: center;
        }
        #login{
            margin-top: 20px;
            width: 100px;
        }
    </style>
</head>
<body>
<h1> 欢迎登录珲少的 Python 学堂 </h1>
<form>
    <div> 账号：<input type="text" name="account"></div>
    <div> 密码：<input type="password" name="password"></div>
    <input type="submit" value=" 登录 " id="login" >
</form>
</body>
</html>
```

修改 urls.py 中的路由配置如下：

```
urlpatterns = [
    url(r'^admin/', admin.site.urls),
    url('hello',view.hello),
    url('add/',application.views.addFunc),
    url('add2/(\d+)/(\d+)/',application.views.addFunc2),
    url('login',application.views.login)
]
```

在浏览器中输入如下地址：
http://127.0.0.1:8000/login，界面如图 7-9
所示。

其实模板中也可以进行传值，很多
情况下，模板只是定义一个动态的框
架，具体的网页需要根据数据库中的数
据进行动态渲染，可以在调用 render 函
数时将模板需要的数据传递进去。修改
login 函数如下：

图 7-9 使用 HTML 模板

```
# 登录页面
def login(request):
    return render(request,'login.html',{'name':"珲少","password":"123456"})
```

修改 login.html 文件的 form 标签内容如下：

```
<form>
    <div>账号：<input type="text" name="account" value={{name}}></div>
    <div>密码：<input type="password" name="password" value={{password}}></div>
    <input type="submit" value=" 登录 " id="login">
</form>
```

在 Django 的模板体系中，很多语法都是使用 {} 来定义的。上面代码的意义是从传递进来的参数字典中取值。重新刷新界面，可以看到默认的账号和密码会被填入输入框中。

7.2.5 HTML 模板的高级应用

可以通过传参的方式来动态渲染 HTML 页面。在 Django 中，HTML 模板还有许多高级的功能，其可以实现类似模板嵌套、条件选择、循环、筛选等逻辑，模板也支持继承操作。

激活 myenv 运行环境，开启 Django 服务器，在 application 应用程序的 templates 文件夹下新建一个 HTML 模板，命名为 list.html，编写代码如下：

```
<!DOCTYPE html>
<html>
<head>
    <meta charset="utf-8">
    <title>列表演示</title>
</head>
<body>
{% for i in subjects %}
<div>课程：{{i}}</div>
{% empty %}
```

```
<div> 列表为空 </div>
{% endfor %}
</body>
</html>
```

上面的模板中，{% for in %} 是循环结构开始的标志，可以对列表、元组、字典等集合类型的数据进行循环取出元素操作；{{% endfor %}} 是循环结构结束的标志，在开始标志与结束标志中间可以编写 HTML 代码。其中，{%empty%}对应的部分，当列表为空时会被渲染。

在 application 下的 views.py 文件中定义一个新的页面函数如下：

```
def list(request):
    return render(request,'list.html',{'subjects':['Python','Swift','C++','JavaScript']})
```

在 urls.py 中定义路由如下：

```
urlpatterns = [
    url(r'^admin/', admin.site.urls),
    url('hello',view.hello),
    url('add/',application.views.addFunc),
    url('add2/(\d+)/(\d+)/',application.views.addFunc2),
    url('login',application.views.login),
    url('list',application.views.list)
]
```

在浏览器中输入地址：http://127.0.0.1:8000/list，效果如图 7-10 所示。

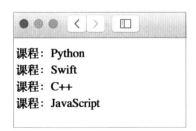

图 7-10 模板中的循环逻辑

模板中也支持编写条件选择逻辑。以前面的 list.html 模板为例，我们可以在最后一行数据后添加一条分割线，示例代码如下：

```
<!DOCTYPE html>
<html>
<head>
```

```
    <meta charset="utf-8">
    <title> 列表演示 </title>
</head>
<body>
{% for i in subjects %}
<div> 课程：{{i}}</div>
{% if forloop.last %}
<hr/>
{% endif %}
{% empty %}
<div> 列表为空 </div>
{% endfor %}
</body>
</html>
```

{% if %} 是条件结构的定义部分，用来定义要判定的条件变量；{%end if%} 是条件结构的结束标志。在 for 循环结构中，Django 生成了许多可以用于条件逻辑的变量，如表 7-1 所示。

表7-1 可以用于条件逻辑的变量

变 量 名	意 义
forloop.counter	当前索引，从1开始计算
forloop.counter0	当前索引，从0开始计算
forloop.revcounter	索引从后向前计算，最小为1
forloop.revcounter0	索引从后向前计算，最小为0
forloop.first	当前遍历的元素是否为第一项
forloop.last	当前遍历的元素是否为最后一项
forloop.parentloop	对于嵌套的循环，获取上一层的循环变量

条件结构也可以和比较运算符及逻辑运算符结合使用，例如：

```
{% if subjects|length == 1 %}
课程总数不足
{% elif subjects|length < 5 %}
少量课程
{% else %}
大量课程
{% endif %}
{% if 'Python' in subjects %}
包含 Python 课程
{%endif%}
```

上面的代码中，subjects|length 这种语法是过滤器的一种使用方式，意思是获取集合数据的元素个数，管道符号"|"是过滤器运算符。常用的过滤器如表7-2所示。

表7-2　常用的过滤器

过 滤 器	意 义
lower	将文本转换为小写
upper	将文本转换为大写
first	获取集合的第一个元素
last	获取集合的最后一个元素
add	进行相加操作，例如var|add："2"
length	获取集合元素个数
capfirst	进行首字符大写

模板中常用的比较运算符和逻辑运算符如表 7-3 所示。

表7-3　模板中常用的比较运算符和逻辑运算符

运 算 符	意 义
==	等于比较
！=	不等于比较
>=	大于等于比较
<=	小于等于比较
>	大于比较
<	小于比较
and	逻辑与
or	逻辑或
not	逻辑非
in	包含逻辑
not in	不包含逻辑

Django 中模板更加强大的地方在于其支持继承与嵌套。在学习 Python 中类的相关知识时，我们知道继承实际上是代码复用的一种方式，并且是组织数据关系的一种方式。在 HTML 模板中，也可以使用继承的方式来使 HTML 代码得到复用。嵌套是更加常用的一种模板组合方式，在网站开发时，一个网站通常有许多个网页，每个网页都会有相同的布局结构，例如头部组件、尾部组件是可以通用的，这时我们就可以将头部组件与尾部组件封装成模板，再将它们进行组合。下面以尾部组件为例演示模板的嵌套与继承。首先新建一个模板组件，命名为 footer.html，编写代码如下：

```
<div style="background-color: rgb(0,0,255);height:
45px;position: absolute;bottom: 0px;margin: 0px;padding: 0px;left:
0px;right: 0px;color: #ffffff;text-align: center;line-height: 45px">
```
　　本网站的所有教程免费供所有人学习使用，如果进行其他用途，需经作者【珲少】同意！
```
<div>
```

再新建一个名为 base.html 的基础 HTML 模板，为其他模板的父模板，在其中编写基础的结构代码如下：

```
<!DOCTYPE html>
<html>
<head>
    <meta charset="utf-8">
    <title>{% block title %} 默认标题 {% endblock %}-珲少学院
</title>
    <style type="text/css">
        h1{
            text-align: center;
        }
        form{
            text-align: center;
        }
        #login{
            margin-top: 20px;
            width: 100px;
        }
    </style>
</head>
<body>
{% block content %}
<div> 这里是默认内容 </div>
{% endblock %}
{% include 'footer.html' %}
</body>
</html>
```

上面的代码中使用到了 {% block tag %}{%endblock%} 这样的结构，这个结构用来定义 HTML 模板中的模块，在集成此模板的子模板中可以对模块的内容进行覆盖。{%include%} 语法进行模板嵌套。下面修改最初的 login.html 和 list.html 代码，分别如下：

```
login.html:
{% extends 'base.html' %}
{% block title %} 登录 {% endblock %}
{% block content %}
<h1>欢迎登录珲少的 Python 学堂 </h1>
<form>
    <div>账号：<input type="text" name="account" value={{name}}>
</div>
    <div>密码：<input type="password" name="password"
value={{password}}></div>
    <input type="submit" value=" 登录 " id="login">
</form>
{% endblock %}
list.html:
{% extends 'base.html' %}
{% block title %} 模板语法 {% endblock %}
{% block content %}
{% for i in subjects %}
<div>课程：{{i}}</div>
{% if forloop.last %}
<hr/>
{% endif %}
{% empty %}
<div>列表为空 </div>
{% endfor %}
{% if subjects|length == 1 %}
课程总数不足
{% elif subjects|length < 5 %}
少量课程
{% else %}
大量课程
{% endif %}
{% if 'Python' in subjects %}
包含 Python 课程
{%endif%}
{%endblock%}
```

可以发现，使用模板继承后，代码结构性和复用性更强，并且网站越复杂、网页越多，模板继承的优势越明显。效果如图 7-11 和图 7-12 所示。

图 7-11 登录界面

图 7-12 列表演示界面

7、2、6 使用模型与数据库

模型与数据库是网站开发中非常重要的一部分，无论是电商网站、资讯网站、个人博客，还是教学网站。"内容"是网站的核心，网页只是内容的承载方式。简单地说，内容就是数据，数据不是一成不变的，以博客文章为例，管理员可以对文章进行修改、删除、新增等。Django 内置了数据库相关接口，支持 SQLite3、MySQL 等主流数据库，并且将数据模型与数据库进行了解耦，只需要简单地配置就可以使用。

新建的 Django 工程默认配置 SQLite3 数据库，也就是说，我们可以不进行任何修改，直接使用 SQLite3 数据库。激活 myenv 运行环境，在 application 应用下的 models.py 文件中定义如下数据模型：

```python
# -*- coding: utf-8 -*-
from __future__ import unicode_literals
from django.db import models
# Create your models here.
class Teacher(models.Model):
    name = models.CharField(max_length=15)
    subject = models.CharField(max_length=15)
    age = models.IntegerField()
    textbook = models.CharField(max_length=30)
```

上面的代码定义了一个 Teacher 数据模型，用它来描述"教师"对象。教师对象中定义了 4 个属性：name、subject、age、textbook，分别用来描述教师的姓名、科目、年龄和使用教材。下面我们需要借助 manage.py 中的一些命令来进行数据库表的创建和数据库的同步。

将 manage.py 文件保存后，在 manage.py 的同级目录下执行如下命令：

```
python manage.py makemigrations
```

这个命令的作用是在数据库中进行表的创建，其会将 models.py 中定义的数据模型生成表。再次执行如下命令：

```
python manage.py migrate
```

这个命令的作用是进行数据库的同步。这样就完成了将 models.py 中定义的数据模型映射成数据库中的数据结构。需要注意，之后任何对 models.py 文件的操作都需要重新执行这两个命令。

新生成的数据库表目前是空的，虽然数据结构已经确定，但是里面一条数据也没有。在终端执行如下命令来进入工程的 Python 运行环境：

```
python manage.py shell
```

之后输入如下代码来生成一条数据：

```
from application.models import Teacher
Teacher.objects.create(name=u" 珲少 ",age=26,subject="Python",tex
tbook=u"《教孩子学 Python》")
```

如果终端没有出现错误提示，这条数据就创建成功了。我们使用同样的方法多创建几条数据，代码如下：

```
Teacher.objects.create(name=u" 珲少 ",age=26,subject="Swift",text
book=u"《Swift 从入门到精通》")
Teacher.objects.create(name=u" 珲少 ",age=26,subject="iOS",textbo
ok=u"《从零到 App Store 上架》")
Teacher.objects.create(name=u" 珲少 ",age=26,subject="JavaScript"
,textbook=u"《现代 JavaScript 编程》")
Teacher.objects.create(name=u" 珲少 ",age=26,subject="ReactNative
",textbook=u"《React Native 全教程》")
```

下面我们尝试从数据库中获取数据并将其显示在界面上。首先在 templates 文件夹下新建一个名为 teacher.html 的模板，代码如下：

```
{% extends 'base.html' %}
{% block title %} 在线教师 {% endblock %}
{% block content %}
<div style="text-align: center;width: 100%;">
    <h1> 在线教师列表 </h1>
    <table border="1" align="center">
        <tr>
            <th> 教师姓名 </th>
            <th> 教师年龄 </th>
```

```
                <th> 科目 </th>
                <th> 教程 </th>
            </tr>
        {% for t in teachers %}
            <tr>
                <th>{{t.name}}</th>
            <th>{{t.age}}</th>
            <th>{{t.subject}}</th>
            <th>{{t.textbook}}</th>
            </tr>
            {% endfor %}
    </table>
</div>
{% endblock %}
```

在 views.py 中导入 Teacher 类，代码如下：

```
from application.models import Teacher
```

定义一个教师列表页面函数，代码如下：

```
def teachers(request):
    teachers = Teacher.objects.all()
    return render(request,'teacher.html',{'teachers':teachers})
```

teacher.objects.all() 方法可以获取数据库中所有的教师数据并组成集合。在
urls.py 中定义教师界面，代码如下：

```
urlpatterns = [
    url(r'^admin/', admin.site.urls),
    url('hello',view.hello),
    url('add/',application.views.addFunc),
    url('add2/(\d+)/(\d+)/',application.views.addFunc2),
    url('login',application.views.login),
    url('list',application.views.list),
    url('teachers',application.views.teachers)
]
```

在浏览器输入地址：http://127.0.0.1:8000/teachers。

可以看到，浏览器已经将数据库中的数据渲染在了页面表格上，如图 7-13 所示。

图 7-13 使用数据库中的数据进行页面渲染

再来回顾一下定义 Teacher 数据模型时的场景，我们使用了如下数据格式定义方式：

```
name = models.CharField(max_length=15)
```

其实，定义数据模型中的一个字段需要明确如下两部分：

- 字段类型
- 字段的配置选项

字段类型用来确定存储字段信息的数据类型，比如 CharField 表示字符类型。表 7-4 列举了常用的数据类型。

表7-4 常用的数据类型

数据类型	意 义
AutoField	自增长的整型，用来作为ID主键
BigAutoField	自增长的长整型
BigIntegerField	长整型
BinaryField	二进制数据类型
BooleanField	布尔类型
CharField	字符类型
DateField	日期类型
DateTimeField	时间类型
DecimalField	小数类型

（续表）

数据类型	意　义
DurationField	时间间隔类型
EmailField	Email类型
FileField	文件类型
FilePathField	文件路径类型
FloatField	浮点类型
ImageField	图片类型
IntegerField	整数类型
GenericIPAddressField	IP地址类型
TextField	长文本类型
URLField	URL类型

字段的配置选项用来配置字段的属性，例如可以设置字段的最大长度、字段的默认值等，常用配置项如表 7-5 所示。

表7-5 常用配置项

配　置　项	意　义
default	设置默认值
editable	是否可编辑，设置为布尔值
primary_key	设置此字段是否为主键，设置为布尔值
unique	设置字段值是否唯一，设置为布尔值
max_length	设置最大长度

7、2、7 数据库的相关操作

一般情况下，除了管理员外，我们很少会操作数据库中的内容，至于管理员对数据的管理，一般通过管理后台来完成。但是 Django 提供了丰富的数据库操作 API 接口。我们可以使用代码完成对数据的新增、修改、查找和删除等操作。以 7.2.6 小节的 Teacher 模型为例进行介绍，向数据库中插入数据有 4 种方式，分别说明如下。

第 1 种：

```
Teacher.objects.create(name=u" 珲少 ",age=26,subject=
"ReactNative ",textbook=u"《React Native 全教程》")
```

执行上面的代码后，会直接将创建的数据插入数据库中。

第 2 种：

```
t = Teacher(name=u" 珲少 ",age=26,subject="ReactNative ",
textbook=u"《React Native 全教程》")
t.save()
```

第 3 种：

```
t = Teacher()
t.name = u" 珲少 "
t.age = 26
t.subject = "ReactNative"
t.textbook= u"《React Native 全教程》"
t.save()
```

第 4 种：

```
Teacher.objects.get_or_create(name=u" 珲少 ",age=26,
subject="ReactNative ",textbook=u"《React Native 全教程》")
```

上面列举的 4 种向数据库插入数据的方法中，第 4 种是最优的。这种方法会先从数据库中查找数据，如果找到，则返回，否则插入这条新数据。

与插入数据对应，获取数据也有多种方式，示例如下：

```
# 查询所有数据，返回 QuerySet 集合
Teacher.objects.all()
# 切片操作，获取前 10 条数据
Teacher.objects.all()[:10]
# 获取科目为 Swift 的一条数据，根据某个字段的值进行查找，只会获取一条数据
Teacher.objects.get(subject="Swift")
# 使用过滤器获取满足条件的多条数据
Teacher.objects.filter(name=" 珲少 ")
# 过滤出名称中包含 "珲" 的数据
Teacher.objects.filter(name__contains=" 珲 ")
# 将名字字段进行正则表达式查询
Teacher.objects.filter(name__regex="^ 珲 ")
# filter 是找出满足条件的，exclude 是找出不满足条件的
Teacher.objects.exclude(name__contains=" 珲少 ")
# 找出名称含有珲，但是排除年龄是 23 岁的
Teacher.objects.filter(name__contains=" 珲 ").exclude(age=23)
```

要删除某条数据，只需要查找出这条数据后，调用 delete() 方法即可，例如：

```
t = Teacher.objects.filter(subject="Swift")
t.delete()
# 将所有的教师数据删除
Teacher.objects.all().delete()
```

更新数据包括批量更新和单个更新两种，批量更新通常使用过滤器来完成，例如：

```
# 将名字为珲少的数据年龄统一修改成 27
Teacher.objects.filter(name=u" 珲少 ").update(age=27)
```

单个更新与新建数据的方式一样，只是需要先取出对应的数据，修改后重新存储即可，例如：

```
t = Teacher.objects.get(subject="Swift")
t.name="HuiShao"
t.save()
```

 ## 7.2.8 Django 的后台管理系统

Django 自带后台管理系统，这是任何其他 Web 框架无法比拟的强大之处。以前面编写的代码为例，在线教师信息更多情况下并不是使用代码插入数据库中的，而是由管理员统一管理和安排的，管理员不一定是开发工程师，那么一个可视化的后台管理系统是必要的，这样不仅可以使数据的管理更加方便，而且可以减少开发工程师的工作量。

当 Django 服务器运行起来后，我们可以通过如下路径直接访问后台管理系统：http://127.0.0.1:8000/admin。

浏览器中将显示如图 7-14 所示的登录页面。

如果你是第一次登录后台管理系统，那么首先需要创建一个后台的超级用户，执行如下指令来创建超级用户：

```
python manage.py createsuperuser
```

输入上面的命令后，你需要根据提示输入用户名、邮箱、密码等信息。创建成功后，即可在后台登录界面登录后台管理系统。登录成功后的页面如图 7-15 所示。

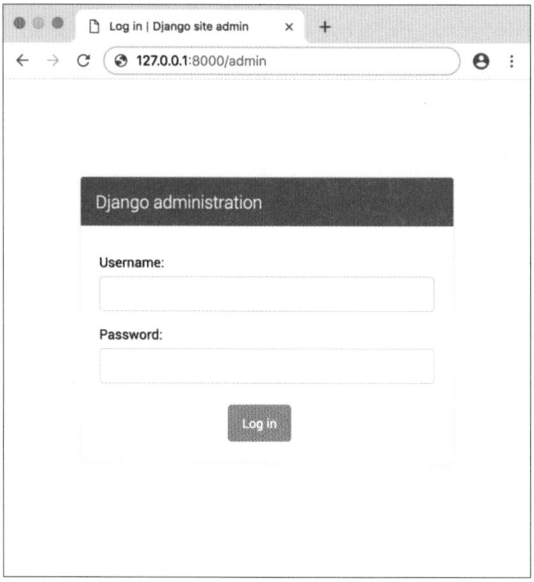

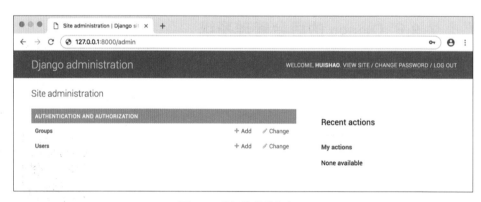

图 7-14 后台管理系统登录页面

图 7-15 后台管理系统主页

对于超级用户来说，可以对后台系统的用户组和用户进行管理，可以添加和修改用户，并为这些用户分配不同的权限，这里不再展开介绍。虽然超级用户有最高的权限，但是从后台管理系统主页来看，并没有地方可以对前面生成的教师数据进行管理，我们还需要在代码中进行一些操作。在 application 应用程序下的 admin.py 文件中输入如下代码：

```python
# -*- coding: utf-8 -*-
from __future__ import unicode_literals
from django.contrib import admin
from application.models import Teacher
admin.site.register(Teacher)
```

admin.py 是一个用来配置后台管理系统的文件，使用 admin.site.register() 方法将一个数据模型注册到管理系统中。刷新页面，可以看到 application 应用程序下的 Teachers 相关数据已经可以在后台中进行查看和管理了，如图 7-16 和图 7-17 所示。

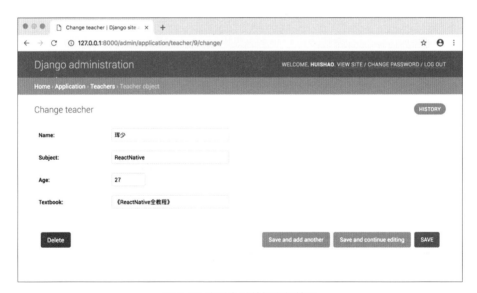

图 7-16 将数据模型注册进后台管理系统

图 7-17 在后台对数据进行管理

你可以尝试一下，在后台中新增一条教师数据，保存后访问教师列表页，可以看到列表页同步进行了刷新，十分方便。

你可能发现了一个问题，我们在后台中查看数据的时候，数据列表中所有数据显示的都是"Teacher object"，如图 7-18 所示。这样十分不友好，如果教师数

据很多，我们想要修改其中某一条，找起来会非常不方便。可以在定义 Teacher
类的时候实现 __unicode__ 方法，自定义列表的显示字段，例如：

```
class Teacher(models.Model):
    name = models.CharField(max_length=15)
    subject = models.CharField(max_length=15)
    age = models.IntegerField()
    textbook = models.CharField(max_length=30)
    def __unicode__(self):
        return self.name + ":" +self.subject
```

此时，后台数据列表如图 7-19 所示。

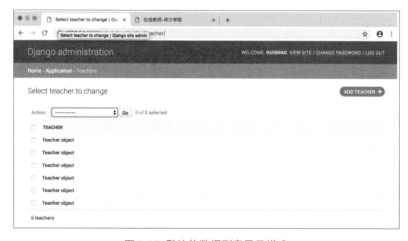

图 7-18 默认的数据列表显示样式

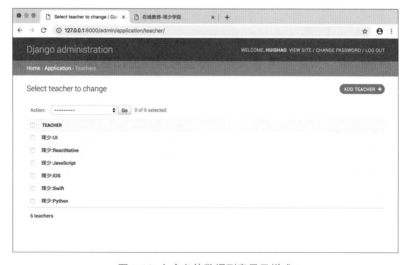

图 7-19 自定义的数据列表显示样式

至此，Django 的基础内容基本上已经介绍完毕。实际上，我们前面提到的知识点只是 Django 的冰山一角，Django 还有更多强大而实用的功能等着你去探索。但是仅使用前面介绍的内容已经足够我们编写一个个人博客网站了。后面我们一起来学以致用，完成自己的博客网站。

7.3 你的电子日记本——开发个人博客网站

博客是互联网上十分流行的一种记录心情、分享知识、写文章日记的方式。使用 Django 仅仅需要几个小时就可以开发一款属于自己的博客网站。本节将综合运用前面学习的知识，一步一步开发一款包含本地服务器、后台管理系统、前端页面和后端数据库的博客网站。

7.3.1 搭建博客应用程序的基本结构

我们需要在工程中新建一个博客应用程序，本节所开发的博客应用依然基于前面创建的 HelloWorld 工程。首先激活 myenv 运行环境，在 HelloWorld 工程下执行如下命令，创建一个新的应用程序：

```
django-admin startapp blog
```

在 HelloWorld 项目的根目录下创建一个名为 static 的文件夹，用来存放博客网站的静态资源。完成后，你的 python_proj 目录结构如图 7-20 所示。

下面我们将需要的静态文件放入 static 文件夹下。首先在 static 文件夹下新建两个文件夹，分别命名为 css 与 img，其中 css 用来存放样式表文件，img 用来存放静态图片资源。完成后，我们将 bootstrap.css、font-awesome.css 和 style.css 文件放入 css 文件夹中，将 avatar.png、head-img.png 文件放入 img 文件夹中，以备后面使用。这些静态文件在本书的配套资源中可以找到。

完成上面的步骤后，还需要在 blog 文件夹下新建一个名为 templates 的文件夹，这个文件夹用来存放 HTML 模板文件。这样项目的基本结构就搭建完成了。你看到的工程目录如图 7-21 所示。

图 7-20 工程目录结构　　　　　　图 7-21 完整的工程目录结构

最后不要忘记在工程的 settings.py 中进行应用程序的注册，代码如下：

```
INSTALLED_APPS = [
    'django.contrib.admin',
    'django.contrib.auth',
    'django.contrib.contenttypes',
    'django.contrib.sessions',
    'django.contrib.messages',
    'django.contrib.staticfiles',
    'application',
    'blog',
]
```

还需要对静态文件的目录进行配置，在 settings.py 的末尾添加如下配置项：

```
HERE = os.path.dirname(os.path.abspath(__file__))
HERE = os.path.join(HERE, '../')
STATICFILES_DIRS = (
    os.path.join(HERE, 'static/'),
)
```

7.3.2 数据库表的设计及文章添加

首先我们需要定义博客文章的数据模型，在 blog 应用下的 models.py 中编写如下代码：

个人博客实战之
数据库搭建

```
# -*- coding: utf-8 -*-
from __future__ import unicode_literals
from django.db import models
class Article(models.Model):
    title = models.CharField(" 文章标题 ",max_length=50)
    time = models.DateTimeField(" 更新时间 ",auto_now=True)
    content = models.TextField(" 文章内容 ")
    category = models.CharField(" 文章分类 ",max_length=15)
    introduce = models.TextField(" 文章简介 ")
    def __unicode__(self):
        return self.title
```

上面的代码定义了"文章"类，每一篇文章包括文章标题、创建时间、文章内容、文章分类和文章简介，并且重写了 __unicode__ 方法来使后台管理系统更加清晰。上面定义的字段中，你可能对 auto_now=True 比较陌生，它是专门用来配置日期时间字段的一个选项，设置为 True 表示自动以当前时间作为初始值。

定义好数据模型后，我们需要在 blog 下的 admin.py 文件中对数据模型进行注册。这样做是为了可以方便地在管理后台对文章进行管理，代码如下：

```
# -*- coding: utf-8 -*-
from __future__ import unicode_literals
from django.contrib import admin
from blog.models import Article
admin.site.register(Article)
```

不要忘记，每当对数据模型进行修改时，都需要在终端依次执行如下两条命令进行数据库表的创建与同步：

```
python manage.py makemigrations
python manage.py migrate
```

之后，可以使用前面创建的超级用户来登录 Django 的后台管理系统，主页如图 7-22 所示。

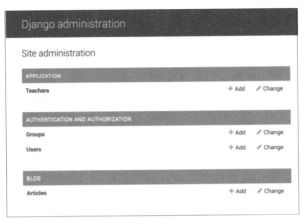

图 7-22 后台管理系统主页

可以看到，已经可以对 Blog 中的 Article 相关数据进行操作了，可以尝试添加两条数据到数据库中。例如，添加两篇有关 iOS 开发的技术文件，如图 7-23 所示。

图 7-23 博客文章列表

7、3、3 博客主页的开发

博客主页的开发最大的难点在于 HTML 模板的编写。如果你没有丰富的前端知识，可以在互联网上录找一个自己喜欢的相关博客网站，然后对其中的代码进行整理和删减。

首先我们编写模板的父类 blog_base.html 文件，代码如下：

```html
<!DOCTYPE html>
<html lang="zh-CN">
 <head>
  <meta charset="UTF-8" />
  <title>{% block title %} 主页 {% endblock %}- 珲少的技术博客 </title>
  <link rel="stylesheet" href="../static/css/bootstrap.min.css" />
  <link rel="stylesheet" href="../static/css/font-awesome.min.
css" />
  <link rel="stylesheet" href="../static/css/style.css" />
 </head>
 <body>
  <header class="main-header">
   <div class="main-header-box">
    <a class="header-avatar" href="/homePage" title=" 珲少 "> <img
src="../static/img/avatar.png" alt="logo 头像 " class="img-responsive
center-block" /> </a>
     <div class="branding">
      <h2> 学如逆水行舟 </h2>
     </div>
    </div>
   </header>
   <nav class="main-navigation">
    <div class="container">
     <div class="row">
      <div class="col-sm-12">
       <div class="collapse navbar-collapse" id="main-menu">
        <ul class="menu">
         <li role="presentation" class="text-center"> <a href="/
homePage"><i class="fa "></i> 主页 </a> </li>
        </ul>
       </div>
      </div>
     </div>
    </div>
   </nav> {% block content %}{%endblock%}
   <aside class="col-md-4 sidebar">
    <div class="widget notification">
     <h3 class="title"> 网站公告 </h3>
     <div>
      <p> 欢迎访问珲少的技术博客 <br /> iOS、Android、HTML、
JavaScript<br /> </p>
```

```
    <hr /> 欢迎交流学习
    <p></p>
  </div>
 </div>
 <div class="widget">
  <h3 class="title"> 友链 </h3>
  <div class="content friends-link">
    <a href="http://www.huisao.cc" class="fa" target="_blank">
所谓情怀 </a>
  </div>
 </div>
</aside>
<footer class="main-footer">
 <div class="container">
  <div class="row">
  </div>
 </div>
</footer>
<a id="back-to-top" class="icon-btn hide"> <i class="fa fa-
chevron-up"></i> </a>
<div class="copyright">
 <div class="container">
  <div class="row">
   <div class="col-sm-12">
    <span>Copyright &copy; 2018 </span> |
    <span> Powered by Django </span>
   </div>
  </div>
 </div>
</div>
</body>
</html>
```

上面的代码定义了头部、尾部与侧边栏组件。编写 blog_home.html 文件如下：

```
<html>
<head></head>
<body>
 {%extends 'blog_base.html'%} {%block title%} 主页 {%endblock%}
{%block content %}
  <section class="content-wrap">
```

```html
        <div class="container">
         <div class="row">
          <main class="col-md-8 main-content ">
           <div class="carousel">
            <img src="../static/img/head-img.png" />
           </div> {% for article in articleList %}
           <article class="post">
            <div class="post-content">
             <div class="post-head home-post-head">
              <h1 class="post-title"> <a href="article/{{article.
title}}">{{ article.title}}</a> </h1>
               <div class="post-meta">

                 •

                <time class="post-date" datetime="" title=""> {{
article.time }} </time>
              </div>
             </div>
             <p class="brief"> {{ article.introduce }} </p>
            </div>
            <footer class="post-footer clearfix">
             <div class="pull-left tag-list">
              <div class="post-meta">
               <span class="categories-meta fa-wrap"> <i class="fa
fa-folder-open-o"></i> <a href="/categories/iOS 编程技巧 "> {{article.
category}} </a> </span>
              </div>
             </div>
             <div class="post-permalink">
              <a href="article/{{article.title}}" class="btn btn-
default">阅读全文 </a>
             </div>
            </footer>
           </article> {% endfor %}
          </main> {% endblock %}
         </div>
        </div>
       </section>
      </body>
     </html>
```

在 blog 应用程序下的 views.py 中新建一个页面函数，代码如下：

```
# -*- coding: utf-8 -*-
from __future__ import unicode_literals
from django.shortcuts import render
from blog.models import Article
def homePage(request):
    articles = Article.objects.all()
    return render(request,'blog_home.html',
{"articleList":articles})
```

上面的代码从数据库中取出全部文章，之后将其传递到 HTML 模板页面中。在 urls.py 中添加如下路由：

```
url('homePage',blog.views.homePage)
```

在浏览器中打开相应路径，主页效果如图 7-24 所示。

图 7-24 博客主页效果

7、3、4 文章详情页面开发

通过 7.3.4 小节博客主页的编写，我们基本熟悉了 Django 开发博客网站的思路，后面的开发思路基本一致：修改 HTML 模板→定义页面函数与传值→定义路由。文章详情页的 HTML 模板示例如下：

```
<html>
<head></head>
<body>
```

```
{%extends 'blog_base.html'%} {%block title%}{{article.title}}
{%endblock%} {%block content %}
    <div class="row" style="margin-top: 40px;">
     <main class="col-md-8 main-content">
      <p id="process" style="width: 9.27126%;"></p>
      <article class="post">
       <div class="post-head">
        <h1 id="{{article.title}}"> {{article.title}} </h1>
        <div class="post-meta">
         <span class="categories-meta fa-wrap"> <i class="fa fa-
folder-open-o"></i> <a href="/categories/{{article.category}}">
{{article.category}} </a> </span>
          <span class="fa-wrap"> <i class="fa fa-clock-o"></i>
<span class="date-meta">{{article.time}}</span> </span>
        </div>
       </div>
       <div class="post-body post-content">
        <p>{{article.content}}</p>
       </div>
       <div class="post-footer">
        <div>
         转载声明：商业转载请联系作者获得授权，非商业转载请注明出处 &copy;
QQ: 316045346
        </div>
       </div>
      </article>
     </main> {% endblock %}
    </div>
   </body>
  </html>
```

添加页面函数如下：

```
def articleDetail(request,title):
    article = Article.objects.get(title=title)
    return render(request,'blog_detail.html',{"article":article})
```

在定义页面路由时，我们将文章名作为参数进行传递，之后通过文章名从数据库中检索出相应的文章传递给模板。路由定义如下：

```
url('article/(.+)',blog.views.articleDetail)
```

详情页效果如图 7-25 所示。

图 7-25 文章详情页

7.3.5 文章分类列表

我们创建的每一篇博客文章中都包含"分类"字段。在后台管理系统中创建数据时，可以根据文章性质的不同将其放入不同的分类。下面我们编写一个文章分类页来展示根据分类筛选的文章。编写 blog_category.html 文件如下：

```
<html>
 <head></head>
 <body>
    {%extends 'blog_base.html'%} {%block title%}{{articles.first.
category}}{%endblock%} {%block content %}
    <div class="row" style="margin-top: 40px;">
     <main class="col-md-8 main-content ">
      <h1 style="margin: 20px"> {{articles.first.category}} </h1> {%
for article in articles %}
       <article class="post">
        <div class="post-content">
         <div class="post-head home-post-head">
          <h1 class="post-title"> <a href="/article/{{article.
title}}">{{article.title}}</a> </h1>
           <div class="post-meta">
```

```
          <time class="post-date" datetime="" title=""> {{article.
time}} </time>
          </div>
        </div>
        <p class="brief"> {{article.introduce}} </p>
      </div>
    </article> {% endfor %}
  </main> {% endblock %}
  </div>
  </body>
</html>
```

定义页面函数如下：

```
def articleCategory(request,category):
    articles = Article.objects.filter(category=category)
    return render(request,'blog_category.
html',{"articles":articles})
```

添加路由定义如下：

```
url('categories/(.+)',blog.views.articleCategory)
```

网页效果如图 7-26 所示。

图 7-26　分类列表页面

到此，一个功能完整的博客网站就开发完成了。你可以将学习本书的心得整理成文章，然后通过后台系统进行添加，在任何需要的时候可以在网页上查看它，很酷吧。

第8章

用 Python 编写简单的爬虫程序

本章将学习 Python 在爬虫领域的应用。随着互联网的发展，网络上充斥着大量的信息，如何高效地整理和检索信息是一门深奥的技术。网络爬虫又被称为网络机器人，它通过一定的规则、逻辑自动从互联网上抓取所需要的信息。Python 有着非常实用的库和模块来支持网络操作，灵活使用这些工具可以编写出强大的爬虫工具。

本章将介绍爬虫的基本原理与流行的爬虫开发框架。学习完本章内容后，你可以使用爬虫整理互联网上喜欢的文章并放入自己的博客，也可以分析当下流行的歌手或明星的热度和关注度。总之，这将是你了解世界的一个新的窗口。

8.1 网络中的蜘蛛侠——关于爬虫程序

如果你对"爬虫"这个名词比较陌生，那么对另一个名字一定熟悉得多：搜索引擎。我们上网离不开的"百度""必应"等搜索引擎网站实际上都是很多个爬虫程序在互联网中爬取无数个网站后整理出来的。在实际应用中，爬虫主要解决的核心问题如下：

（1）根据需求过滤网站或网页中不需要的内容。

（2）将有效信息进行整理记录。

（3）将收集到的各种格式杂乱的数据重新定义与整合。

（4）根据语义进行数据分析。

8.1.1　使用 Python 获取网络数据

当我们使用浏览器访问网页时，首先需要输入一个网址，浏览器根据我们输入的网址向对应的服务器请求资源文件，并在窗口中进行解析展示。浏览器展示网页的第一步就是资源下载，比如网页 HTML 文件的下载。编写爬虫的第一步也是资源下载。Python 自带库中提供了 urllib2 库进行网络资源的下载。下面的代码演示使用 urllib2下载"百度"首页数据。

```
#coding:utf-8
import urllib2
response = urllib2.urlopen('http://www.baidu.com')
print response.read()
```

运行上面的脚本，从打印信息可以看到已经将"百度"网站首页的 HTML 文件下载下来了。上面的代码中，urlopen() 方法的作用是打开一个 URL 连接，这一步是执行下载请求的过程。完成后，返回 response 回执对象，response 对象调用read() 方法将回执的内容读取出来。

上面的代码演示的是基本的使用 urllib2 进行网络资源的下载，更多时候，我们需要自定义请求的参数、请求头字段等信息。这时就需要构造自定义的请求对象，示例如下：

```
#coding:utf-8
import urllib2
headers = {'name':'hui shao','User-Agent':'Mozilla/5.0 (Windows
NT 6.1; Win64; x64) AppleWebKit/537.36 (KHTML, like Gecko)
Chrome/60.0.3112.101 Safari/537.36'}
request = urllib2.Request('http://www.baidu.com',data='helloworl
d',headers=headers)
response = urllib2.urlopen(request)
print response.read()
```

运行上面的脚本，如果你有抓包工具，可以看到发出的请求中已经添加上了自定义的请求头和请求体，并且请求方法由 GET 变成了 POST。

下面我们探讨请求的回执 response 对象，这个对象中封装了许多获取数据信息的方法，示例如下：

```
#coding:utf-8
import urllib2
response = urllib2.urlopen('http://www.baidu.com')
# 获取响应体内容
content = response.read()
# 获取请求响应码
code = response.getcode()
# 获取请求 URL
url = response.geturl()
# 获取响应头
info = response.info()
print info
```

8、1、2 认识 Scrapy 爬虫开发框架

一个完整的爬虫程序应该至少由两部分组成，一部分是资源数据的下载；另一部分是数据的分析整理。并且数据的分析整理往往要比抓取更加重要。8.1.1 小节我们学习的 urllib2 库更多的是进行互联网数据的抓取，抓取到的原始数据就是 HTML 文本，并没有对 HTML 文本进行整理，也没有进行分析。杂乱的数据对我们的意义不大，重要的是对数据进行处理，分析出有用的部分。数据的分析涉及复杂的字符串解析操作，使用原生的 Python 代码来编写将非常麻烦。幸

运的是，像 Django 可以帮助我们快速建站一样，在爬虫领域，Scrapy 可以帮助我们快速编写爬虫，处理资源数据的抓取和分析。

学习 Scrapy 的第一步是安装 Scrapy 框架。首先创建一个文件夹作为本章 Python 代码的运行环境，命名为 scrapy_proj。使用 virtualenv 命令在这个文件夹下创建一个名为 myenv 的运行环境。激活这个运行环境，之后使用如下命令进行 Scrapy 框架的安装：

```
pip install scrapy
```

如果你在运行上面的命令时出现如下问题：

```
Command "python setup.py egg_info" failed with error code 1
```

那么很有可能是因为 incremental 库的版本太旧，可以使用如下命令进行 incremental 库的升级：

```
pip install --upgrade incremental
```

之后进行 Scrapy 框架的安装就好了。

安装 Scrapy 框架后，可以使用相关命令创建一个 Scrapy 爬虫工程。例如，使用下面的命令创建一个名为 movie 的爬虫工程：

```
scrapy startproject movie
```

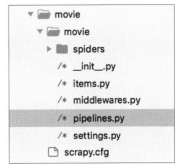

创建完成后，会生成一个名为 movie 的文件夹，其目录结构如图 8-1 所示。

如图 8-1 所示，工程目录中的 spiders 文件夹用来存放爬虫文件，items.py 文件用来定义爬虫抓取的数据模型，settings.py 用来进行工程配置相关操作，pipelines.py 用来进行数据的存储操作。

图 8-1 Scrapy 工程初始目录结构

8.1.3 第一个完整的爬虫程序

前面安装了 Scrapy 爬虫框架，并且创建了一个空的 Scrapy 项目。下面我们编写第一个功能完整的爬虫程序。首先在 spiders 文件夹下新建一个名为 hot_movies.py 的爬虫文件，在其中编写如下代码：

```python
#coding:utf-8
import scrapy
class HotMovies(scrapy.Spider):
    name = "hot_movies"
    start_urls = ["http://www.zzyo.cc/"]
    # 解析数据的方法
    def parse(self,response):
        filename = response.url.split("/")[-2]
```

```
with open('./file/'+filename+'.html', 'w') as f:
    f.write(response.body)
```

需要注意，上面的代码中定义了一个继承于 scrapy.Spider 的类，这个类的作用是定义爬虫，即在这个类中进行资源下载与解析工作。其中定义了两个属性，name 用来定义当前爬虫的名称；start_urls 属性是一个数组，用来定义要爬取的网站地址，如果定义了多个，则会依次进行爬取。启动爬虫程序后，Scrapy 会自动开启下载任务，当下载完成后，会调用 parse() 方法进行数据的处理，这个方法会将请求到的响应数据 Response 返回。上面的代码中，只是对文件进行了简单的本地存储。在 movie 项目根目录中创建一个空的文件夹，命名为 file，用来进行原始文件的存储。之后在工程目录下，在终端执行如下命令：

```
scrapy crawl hot_movies
```

执行完成后，在 file 文件夹中可以看到多了一个 HTML 文件，这个文件就是 hot_movies 爬虫抓取回来的。上面命令的作用是告诉 Scrapy 开启名字为 hot_movies 的爬虫程序。

截至目前，我们只完成了爬虫程序的第一步，即资源数据的抓取，如果没有后续的分析和整理，这个爬虫程序就不完整。例如，我们需要提取网页中的标题、说明和简介信息，首先需要观察网页的源代码结构，打开前面下载的 file 文件夹中的 HTML 源文件，观察其中有这样几行数据：

```
<title>热门电影_2018最新电影_2018好看的最新热门电影电视剧 - 自在电影网</title>
    <meta name="keywords" content="热门电影,最新电影,2018最新电影,好看的电影,电影排行榜" />
    <meta name="description" content="热门电影,2018最新电影,2018最新热门电影,好看的电影、电视剧,尽在自在电影网。自在电影网提供最新热门电影、2018最新电视剧、动画片、综艺节目等视频免费在线观看。2018最新电影大片、贺岁片、电视剧就来自自在电影网。" />
```

分别提取上面 3 个标签中的内容作为标题、说明和简介。首先在 settings.py 文件中添加如下代码，用来处理抓取数据中的中文：

```
FEED_EXPORT_ENCODING = 'utf-8'
```

在 items.py 中新建一个类，代码如下：

```
class SiteItem(scrapy.Item):
    """docstring for SiteItem"""
```

```
    title = scrapy.Field()
    desc = scrapy.Field()
    info = scrapy.Field()
```

SiteItem 类用来定义抓取数据的数据模型，这里定义了 3 个字段，分别代表标题、说明和简介。修改 hot_movies.py 文件如下：

```
#coding:utf-8
import scrapy
from movie.items import SiteItem
class HotMovies(scrapy.Spider):
    name = "hot_movies"
    start_urls = ["http://www.zzyo.cc/"]
    # 解析数据的方法
    def parse(self,response):
        filename = response.url.split("/")[-2]
        with open('./file/'+filename+'.html', 'w') as f:
            f.write(response.body)
        item = SiteItem()
        item['title'] = response.xpath("//title/text()")[0].
extract()
        item['desc'] = response.xpath("//meta[@
name='description']/@content")[0].extract()
        item['info'] = response.xpath("//meta[@
name='keywords']/@content")[0].extract()
        yield item
```

上面的代码中有两个地方你可能不太理解，其一是 xpath 相关部分，其实这是 Scrapy 从源数据中查找指定数据的一种定位方法，后面我们会专门介绍。yield 关键字的作用是进行中断，即将解析完成的数据返回给文件存储层进行保存。

在终端使用如下命令执行爬虫并存储数据：

```
scrapy crawl hot_movies -o item.json
```

命令运行完成后，你会发现在项目目录下多出了一个 item.json 文件，其中将 SiteItem 定义的数据模型直接解析为 JSON 文件，十分方便。文件内容如下：

```
[
{
    "info": " 热门电影 , 最新电影 ,2018 最新电影 , 好看的电影 , 电影排行榜 ",
    "title": " 热门电影 _2018 最新电影 _2018 好看的最新热门电影电视剧 - 自
在电影网 ",
```

　　　　"desc": "热门电影,2018最新电影,2018最新热门电影,好看的电影、电视剧,
尽在自在电影网。自在电影网提供最新热门电影、2018 最新电视剧、动画片、综艺节目等视
频免费在线观看。2018 最新电影大片、贺岁片、电视剧就来自自在电影网。"
　　　　}
　　　]

如果在爬虫的解析函数 parse() 方法中循环进行 yield 数据模型的抛出,则最
终会在这个 JSON 文件中生成一组数据。

到此,我们的第一个完整的爬虫程序就编写完成了。

8、1、4 Scrapy 中的常用命令

前面我们使用 scrapy startproject movie 来创建爬虫项目,这其实是最常用的
一条 Scrapy 命令。前面我们使用自己创建 Python 文件的方式来创建爬虫文件,
其实可以通过命令来完成这个操作,Scrapy 会自动帮助我们生成框架代码,命令
如下:

```
scrapy genspider spider2 www.baidu.com
```

需要注意,上面的命令需要在 Scrapy 项目的根目录下执行,即与 scrapy.cfg
文件同级的目录下。执行完上述命令后,在 spiders 文件夹下可以看到新生成了一
个名为 spider2 的爬虫文件,其中内容如下:

```
# -*- coding: utf-8 -*-
import scrapy
class Spider2Spider(scrapy.Spider):
    name = 'spider2'
    allowed_domains = ['www.baidu.com']
    start_urls = ['http://www.baidu.com/']
    def parse(self, response):
        pass
```

可以看到,这个文件默认生成了爬虫的整体结构,我们只需要像填空一样把
这些补充完整即可。

使用 crawl 命令执行爬虫程序,spiders 文件夹下的每一个文件都可以定义爬
虫,同一个文件中也可以定义多个爬虫,通过每个爬虫类中的 name 属性来调用它。
可以使用下面的命令查询所有可调用的爬虫程序:

```
scrapy list
```

执行后,终端会将所有定义好的爬虫名称输出。

8.2　精准定位——Scrapy 中的选择器

爬虫的重要作用是可以进行数据的分析和整理。整理和分析数据中最重要的一步是进行有效数据的定位，"有效数据"其实就是你需要的数据。以电影网站为例，一个完整的 HTML 文档中有着非常丰富的内容，你真正需要的可能只是一个热门电影列表，这时就需要定位这些数据，然后将其取出。

在 Scrapy 框架中，使用选择器来进行数据的定位，选择器有 3 种：XPath 选择器、CSS 选择器和正则选择器，每一种选择器都有其适用的场景。其中，正则选择器是最为直接的一种，使用正则表达式来匹配数据，本节不再介绍。本节我们将学习 XPath 选择器和 CSS 选择器的使用方法，有了这两个法宝，你的爬虫程序将像精准定位的"导弹"一样，提取有效数据无往不克。

8.2.1　XPath 选择器

XPath 是一门在 XML 文档中查找信息的语言，当然也适用于 HTML 文档。XPath 用来描述某个节点的路径，实现节点的定位。首先，在 HTML 文档中有几个概念需要明确：

（1）标签节点

在 HTML 中，标签节点由开始标签与结束标签定义（某些标签是单标签，开始标签也是结束标签）。例如，我们前面获取的网页标题就是在 title 标签中获取的，代码如下：

```
<title>热门电影 _2018 最新电影 _2018 好看的最新热门电影电视剧 – 自在电影网
</title>
```

（2）属性

属性是指在标签中定义的修饰标签的字段。例如，下面的标签中有 http-equiv 属性和 conent 属性：

```
<meta http-equiv="Content-Type" content="text/html;
charset=utf-8" />
```

（3）值

值是指标签中定义的具体内容。例如，上面的 title 标签中定义了 HTML 文档的标题，值包含在开始标签与结束标签之间。

XPath 通过路径的方式来定义节点位置，例如一般 HTML 文档的根节点为 HTML，HEAD 节点是 HTML 节点的子节点。要获取这个 HEAD 节点，可以采用如下 XPath 路径：

```
'/html/head'
```

上面的 XPath 路径中，第 1 个"/"表示根路径，XPath 路径也可以以"//"开头，这时表示从当前文档中选择相应的节点，而不考虑它们的层级。标签也分父子关系，使用"."表示选中当前节点，使用".."表示选中当前节点的父节点。例如，下面的 XPath 路径表示选择 HTML 节点：

```
'/html/head/..'
```

XPath 也支持属性选择。例如，我们可以选择文档中所有 href 属性的值，示例如下：

```
'//@href'
```

节点配合属性可以精准地定位指定属性的节点元素，例如：

```
'//div[@class="search"]'
```

要获取某个元素的内容，可以使用如下 XPath 路径：

```
"//title/text()"
```

在 Scrapy 中，response 对象可以直接调用 xpath() 方法来使用 XPath 选择器，其会返回一个数据列表，列表中是 Scrapy 封装好的选择器对象，我们可以使用类似数组取值的方式取出其中的数据进行使用或者继续调用 XPath 选择器进行二次选择。Scrapy 选择器对象调用 extract() 方法将对象转换为数据字符串。

其实，我们在分析 HTML 文档结构的时候，可以使用 Chrome 浏览器直接找到需要定位的元素，然后将其 XPath 路径复制出来。在 Chrome 浏览器的网页中选中指定的元素进行检查，如图 8-2 所示，复制 XPath 路径即可。

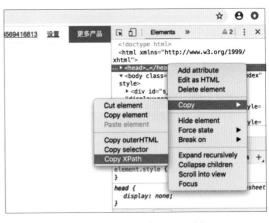

图 8-2 复制元素的 XPath 路径

8.2.2 CSS 选择器

和 XPath 选择器一样，CSS 选择器也是用来在文档中定位元素的。在 Scrapy 中，CSS 选择器的用法与 XPath 基本一致，只是其采用的是 CSS 的语法结构。在 CSS 选择中，常用的选择方法有 3 种：标签选择、类选择和 ID 选择。

标签选择直接使用标签名即可，比如要选择 HTML 文档中所有的 div 标签，可以使用下面的选择器：

`"div"`

也可以同时将多个标签检索出来，使用逗号分隔即可，例如：

`"html,title"`

像 XPath 的路径一样，CSS 选择器支持进行层级选择，比如要选择 Head 标签下的 title 标签，中间用空格隔开，示例如下：

`"head title"`

类选择器主要针对 HTML 文档中标签元素的 class 属性，使用符号 "." 来选择，比如要选择文档中 class 属性为 "search" 的元素，示例如下：

`".search"`

ID 选择器和类选择器类似，只是它针对的是 HTML 元素中的 id 属性。例如，选择 id 为 formsearch 的元素，示例如下：

`"#formsearch"`

标签选择器、类选择器和 ID 选择器也可以组合使用。有时，你可能需要选择某个属性为指定值的元素，在 CSS 选择器中也可以做到，如选择 name 属性为 "keywords" 的元素，可以使用如下选择器（* 表示选择所有元素）：

`"*[name='keywords']"`

在 Scrapy 中，使用 CSS 选择器后会获取一组选择器对象，可以用数组取值的方式查找自己需要的元素。通常有两种类型的数据需要使用：标签的值或属性的值，使用 ::text 的方式获取标签的值，使用 ::attr() 的方式获取属性的值。

获取 title 标签的值：

`"title::text"`

获取 meta 标签 content 属性的值：

`"meta[name='keywords']::attr('content')"`

需要注意，如果获取的是标签，属性还是文本元素，其都是 Scrapy 中封装的选择器对象，就需要对齐调用 extract 方法来转换成字符串数据供我们使用。

8.3 小试牛刀——使用 Scrapy 进行文章网站的内容爬取

通过前面的学习，我们基本上已经会简单地使用 Scrapy 进行数据的抓取与整理了。一个正式可用的爬虫程序往往更加复杂一点。例如，可能需要根据 URL 的规则进行循环抓取，根据 HTML 文档中的超链接进行多层抓取，等等。本节将综合使用前面学习的内容并结合更高级的 Scrapy 技巧来实现一个文章网站内容抓取的爬虫程序。

8.3.1 项目创建与配置

我们要抓取内容的网站为 https://huisao.cc/。

这是我个人的一个文章博客网站，其中有 300 余篇文章，足够作为抓取数据源。从终端进入 scrapy_proj 文件夹下，开启 Python 虚拟环境 myenv，执行如下指令新建一个工程：

```
scrapy startproject article
```

进入 article 工程的根目录下，执行如下指令创建一个新的爬虫程序模板文件：

```
scrapy genspider article_list www.huisao.cc
```

之后 Scrapy 会帮助我们创建一个基础的爬虫模板。在 article 工程的根目录下创建一个文件夹，命名为 data_atticles，这个文件夹用来存放后面我们抓取来的文章数据。

下面对 settings.py 文件进行简单的配置，添加导出编码格式的配置与 pipelines 相关配置。完成后，settings.py 内容如下：

```
# -*- coding: utf-8 -*-

BOT_NAME = 'article'
SPIDER_MODULES = ['article.spiders']
```

```
NEWSPIDER_MODULE = 'article.spiders'
FEED_EXPORT_ENCODING = 'utf-8'
ROBOTSTXT_OBEY = True
ITEM_PIPELINES = {
    'article.pipelines.ArticlePipeline': 300,
}
```

pipelines.py 文件中定义了爬虫数据的处理逻辑。我们抓取的数据可能会重复，某些数据可能也是无效的，对于这种数据常常需要去重或抛弃，另外对于有效的数据，常常需要对其进行存库或其他后续操作，这些处理逻辑都可以定义在 pipelines.py 文件中。

对 pipelines.py 进行简单的修改，代码如下：

```
# -*- coding: utf-8 -*-
import json
import sys;
reload(sys);
sys.setdefaultencoding("utf8")
class ArticlePipeline(object):
    def process_item(self, item, spider):
        return item
```

上面导入了一些我们后面需要使用的模块，并且为了更直观地显示中文，修改了 Python 默认的编码方式。

做完上面的配置后，我们的基础工作基本上完成了，后面要做的是分析源数据，进行重要信息的提取。

8.3.2 进行文章索引数据的爬取

本小节我们来做文章索引数据的爬取。虽然目标网站的文章列表是分页的，但是 URL 十分规律，首页的 URL 为：https://huisao.cc/。

文章目录第 2 页的 URL 为：https://huisao.cc/page/2/。

文章目录第 3 页的 URL 为：https://huisao.cc/page/3/。

分析这些 URL 地址可以发现，路径中的数字表示的就是分页号。发现了这个规律，就可以十分容易地通过循环来设置爬取 URL 组。

需要注意，截至编写本章内容时，上述网站已有 300 余篇文章，目录有 30 多页，并且还会不断增长。全部爬取需要很长一段时间，在调试时，我们可以只抓取两页内容进行测试，如果代码没有问题，则最后可以抓取全部文章。

在编写爬虫核心抓取逻辑之前，需要定义我们要提取的数据模型，文章列表页如图 8-3 所示。

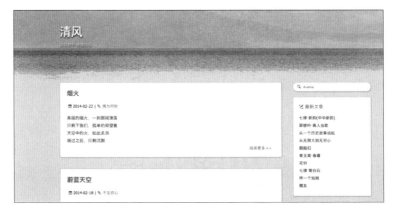

图 8-3 文章列表页

分析文章列表可以发现，每篇文章有 3 部分数据比较核心，我们可以对其进行提取，分别为文章标题、创建时间和文章分类。在 items.py 中定义数据模型如下：

```python
import scrapy
class ArticleItem(scrapy.Item):
    title = scrapy.Field()
    date = scrapy.Field()
    category = scrapy.Field()
```

修改 article_list.py 文件如下：

```python
# -*- coding: utf-8 -*-
import scrapy
from article.items import ArticleItem
class ArticleListSpider(scrapy.Spider):
    name = 'article_list'
    allowed_domains = ['www.huisao.cc']
    # start_urls = ['http://www.huisao.cc/']
    def start_requests(self):
        urls = []
```

```
            for x in xrange(1,3):
                if x > 1 :
                    url = "http://www.huisao.cc/"+"page/%d/"%x
                else :
                    url = "http://www.huisao.cc/"
                urls.append(scrapy.Request(url))
            return urls
    def parse(self, response):
            item = ArticleItem()
            articles = response.xpath("//*[@id='layout']/div[1]/div/
div")
            for x in articles:
                item["title"] = x.xpath("h2/a/text()")[0].extract()
                item["date"] = x.xpath("div[1]/p/span[1]/text()")
[0].extract()
                item["category"] = x.xpath("div[1]/p/span[2]/a/
text()")[0].extract()
                yield item
```

如上面的代码所示，在 ArticleListSpider 类中实现了一个 start_requests() 方法，这个方法可以动态地设置要爬取的请求，如果实现了这个方法，则不再需要设置 start_urls 属性。需要注意，爬取请求的构建需要使用 scrapy.Request() 方法。在 parse() 方法中使用 XPath 进行了关键字段的提取，每次提取到 item 数据后，使用 yield 关键字进行中断，将此 item 对象抛给 pipeline 处理。

下面在 pipelines.py 中实现存 json 文件的操作，代码如下：

```
# -*- coding: utf-8 -*-
import json
import sys;
reload(sys);
sys.setdefaultencoding("utf8")
class ArticlePipeline(object):
    def __init__(self):
        self.file = open('article_list.json', 'w')
    def process_item(self, item, spider):
        lines = json.dumps(dict(item), ensure_ascii=False) + "\n"
        self.file.write(lines)
        return item
```

运行爬虫程序，如果没有报错，你将会看到在 article 项目的根目录下多了一个 article_list.json 文件，其中数据如下：

{"date": "2018-10-02", "category": "唐风", "title": "七律·新韵（中华新韵）"}

{"date": "2018-07-09", "category": "宋韵", "title": "翠楼吟离人当歌"}

{"date": "2017-07-30", "category": "思辨", "title": "从一个历史故事说起"}

{"date": "2017-06-27", "category": "思辨", "title": "从无限大到无穷小"}

{"date": "2016-10-17", "category": "情为何物", "title": "胭脂扣"}

{"date": "2016-09-09", "category": "宋韵", "title": "青玉案·春暮"}

{"date": "2016-09-09", "category": "为你写诗", "title": "花铃"}

{"date": "2016-08-07", "category": "唐风", "title": "七律 寄白石"}

{"date": "2016-08-02", "category": "为你写诗", "title": "这样一个姑娘"}

{"date": "2015-09-05", "category": "为你写诗", "title": "赠友"}

{"date": "2015-09-04", "category": "为你写诗", "title": "写生的姑娘"}

{"date": "2014-08-26", "category": "情为何物", "title": "琴瑟谁起，笙箫何默"}

{"date": "2014-08-25", "category": "唐风", "title": "五绝·梦醒晨思"}

{"date": "2014-08-24", "category": "情为何物", "title": "情到深处人孤独"}

{"date": "2014-08-24", "category": "不忘初心", "title": "如果有阳光"}

{"date": "2014-06-08", "category": "不忘初心", "title": "那些往事之末代皇帝"}

{"date": "2014-06-07", "category": "为你写诗", "title": "梦见她"}

{"date": "2014-06-07", "category": "为你写诗", "title": "梦见她"}

{"date": "2014-05-24", "category": "不忘初心", "title": "时光走过，我心不改"}

{"date": "2014-02-25", "category": "宋韵", "title": "一剪梅孤秋"}

8.3.3 对文章的具体内容进行抓取

8.3.2 小节实现了对文章索引进行数据抓取和整理的功能。本节编写这个爬虫程序的最核心部分，对文章的内容进行抓取。首先定义数据模型 Item 如下：

扫码看视频

爬虫实战之文章索引抓取

```python
class ArticleDetailItem(scrapy.Item):
    title = scrapy.Field()
    content = scrapy.Field()
```

在 article_list.py 文件中新增一个爬虫程序类，代码如下：

```python
from article.items import ArticleDetailItem
class ArticleDetail(scrapy.Spider):
    name = 'article_detail'
    allowed_domains = ['www.huisao.cc']
    def start_requests(self):
        urls = []
        for x in xrange(1,3):
            if x > 1 :
                url = "http://www.huisao.cc/"+"page/%d/"%x
            else :
                url = "http://www.huisao.cc/"
            urls.append(scrapy.Request(url))
        return urls
    def parse(self, response):
        articles = response.xpath("//*[@id='layout']/div[1]/div/div")
        for x in articles:
            url = x.xpath("h2/a/@href")[0].extract()
            url = "http://www.huisao.cc"+url
            yield scrapy.Request(url,callback=self.parse_detail)
    def parse_detail(self,response):
        item = ArticleDetailItem()
        item["title"] = response.xpath('//*[@id="layout"]/
div[1]/div/div/h1/text()')[0].extract()
        contentStr = ''
        contents = response.xpath('//*[@id="layout"]/div[1]/div/
div/div[2]/p')
        for p in contents:
            strs = p.xpath('text()')
            for line in strs:
                contentStr = contentStr + line.extract()+'\n'
        item["content"] = contentStr
        yield item
```

上面的示例代码中，爬虫程序的实现和我们之前学习的爬虫程序有一些区别，由于文章的详情是在二级页面中展示的，即在文章索引页中单击某个文章时才会跳转到文章详情页，因此我们需要进行深层次的爬取，首先从文章索引页中提取文章详情页的 URL，之后通过这个 URL 抓取文章详情信息。

在爬虫类的数据处理回调中，如果返回数据模型对象 Item，则会进行后续的 pipelines 相关处理；如果返回一个 Request 对象，则会进行二次抓取。scrapy.Request() 函数中可以设置当前请求抓取到数据后的处理函数。修改 pipelines.py 文件如下：

```python
# -*- coding: utf-8 -*-
import json
import sys;
reload(sys);
sys.setdefaultencoding("utf8")
class ArticlePipeline(object):
    def __init__(self):
        self.file = open('article_list.json', 'w')
    def process_item(self, item, spider):
        if spider.name == 'article_list':
            lines = json.dumps(dict(item), ensure_ascii=False) + "\n"
            self.file.write(lines)
            return item
        if spider.name == 'article_detail':
            art = open('./data_articles/%s.
txt'%item["title"],'w')
            art.write('%s\n'%item["title"])
            art.write(item["content"])
            art.close()
```

上面的代码中，根据不同的爬虫程序进行不同的存储处理，如果是文章详情的爬虫整理出的数据，则将其存储为 TXT 文本文件，放入工程的 data_articles 文件夹中。

在终端执行这个爬虫程序，如果没有报错，稍等片刻，则会在 data_articles 文件夹下看到爬取的数据，如图 8-4 所示。

其实，本节介绍的文章网站爬虫只是一个爬虫应用的非常简单的例子。学会了 Scrapy 的爬虫编写思路和数据分析技巧，你可以从互联网上随心所欲地获取自己需要的数据，例如新闻

▼ 📁 data_articles
　≣ 七律 寄白石.txt
　≣ 七律·新韵(中华新韵).txt
　≣ 五绝·梦醒晨思.txt
　≣ 从一个历史故事说起.txt
　≣ 从无限大到无穷小.txt
　≣ 写生的姑娘.txt
　≣ 如果有阳光.txt
　≣ 情到深处人孤独.txt
　≣ 时光走过，我心不改.txt
　≣ 这样一个姑娘 .txt
　≣ 梦见她.txt
　≣ 琴瑟谁起，笙箫何默.txt
　≣ 翠楼吟·离人当歌.txt
　≣ 胭脂扣.txt
　≣ 花铃.txt
　≣ 赠友.txt
　≣ 那些往事之末代皇帝.txt
　≣ 青玉案·春暮.txt
　≣ 龟兔赛跑——关于学习与工作效率的思考.txt

图 8-4　爬取到的文章详情数据

网站，将所有感兴趣的专题使用爬虫过滤后再进行阅读，也可以很容易地统计出一段时间内哪些新闻热点的关注人数最多、评论人数最多等。总之，爬虫是一门技能，也是一种工具。

第9章

继续你的修行之路

本章是本书的最后一章了，如果你学习到了此处，相信你对编程一定有了更加深刻的理解，对 Python 也有了更加全面的认识。古语云：青，取之于蓝，而青于蓝；冰，水为之，而寒于水。本书的核心是帮助你入门编程世界，让你对 Python 编程语言有全面的了解，如果你想深入任何一个应用领域，那么本书中的内容是远远不够的，你需要阅读和学习更多相关领域的知识。

编程是一个较为年轻并且依然在蓬勃发展的领域，行业在不停地前进，当然你也需要不断学习。掌握一门技能很重要，掌握学习技能的本领更加重要。本章将介绍你可能感兴趣的各个编程领域的相关信息，并向你推荐一些学习资料和网站。本书的内容虽然即将结束，但你的编程之路不会停止，继续你的修行吧！

9.1 修行之路——编程中的一些建议

本节将补充一些本书中未曾涉及，但是在编程中非常重要的常识，比如设计模式、编码规范、学习方法等。

9.1.1 关于设计模式

对于从事编程工作的人来说，设计模式是一个非常耳熟的词语。其实除了编程行业外，各行各业都有设计模式的思想，只是编程领域更加系统。当然，如果你从来没有接触过有关设计模式的概念，没有关系，设计模式并不是特别深奥，它就是前人经验的总结和最优习惯的传承。

编程与建造摩天大厦的思路很像，在开发软件之前，我们首先需要对其进行设计，例如模块如何划分，类的职责怎么分配，代码结构如何规划，等等。好的设计模式可以提高代码的重用性，使代码更易让人理解，可靠性和可扩展性都更好。

在软件开发中，常用的设计模式有 23 种。

- 创建型设计模式有 5 种：工厂模式、抽象工厂模式、单例模式、建造者模式、原型模式。
- 结构型设计模式有 7 种：适配器模式、装饰器模式、代理模式、外观模式、桥接模式、组合模式、享元模式。
- 行为型设计模式有 11 种：策略模式、模板模式、观察者模式、迭代器模式、责任链模式、命令模式、备忘录模式、状态模式、访问者模式、中介者模式、解释器模式。

每种设计模式都有其适合的应用场景。每种设计模式的设计思想都非常巧妙，如果你对设计模式感兴趣，那么可以阅读相关图书深入学习。学习设计模式不仅可以提高编程技巧，也可以改变思维方式，让你思考问题的思路更加宽阔。

9.1.2 关于编码规范

首先，编码规范不是必需的，但是十分重要。糟糕的代码编写方式最终可能会造成灾难性的后果。本小节将为你提供一些代码编写规范建议，在以后编写代码时，你可以参考这些建议，并将其应用于实践。

1. 命名是重中之重

命名规范在项目开发中至关重要，无论是个人开发还是团队开发，好的命名规范不仅可以提高开发效率，还会使代码的可维护性大大增强。下面提供了一些与命名规范相关的建议：

（1）命名首先要符合对应语言的标准，一般会采用驼峰命名法，对一些大小写不敏感的语言，则会采用下画线命名法。每种编程语言都根据其自身的特点有一套命名规范，使用一个语言，就要遵守这个语言的规范。

（2）变量、函数、类等命名要做到易读，变量和类等数据类型的命名要使用名词，标明其意义，方法函数的命名要尽量包含动词，标明其作用。

（3）好的命名要简洁明确，避免过长或意义冗余的命名。

（4）模块和文件的命名要能够明确此模块或文件的作用，如果不能，就要思考是不是模块过大或文件的职责过于杂乱。

2. 慎用循环和递归

循环结构几乎是开发中不可缺少的部分，循环是代码复用的利器，但是也有副作用，过多层的循环会使代码的可读性急剧变差，并且使调试变得困难。一般情况下，将循环保持在 3 层以内是合适的。

递归是一种强大的编程算法，对于一些复杂的问题，使用递归算法往往可以非常巧妙地解决，但是在使用递归时，一定要非常慎重，深层次的递归会消耗大量内存。

3. 代码结构

代码结构主要是指包、模块、类以及函数的整理方式。在架构包和模块时，要尽量聚合，在设计文件时，要分工明确，一个文件尽量不要超过 1000 行代码，文件中头部要有详尽的注释，包括创建时间、作者、版本以及主要功能等。类的职责要单一，其中的方法要明确分为公开的和私有的，将内部使用的方法声明为私有方法，这样可以保持类接口的整洁。每个函数的长度应该尽量控制在 80 行以内，函数过长会导致阅读困难。

4. 重视代码的健壮性

代码的健壮性是指代码兼容异常情况的能力。对于商业应用，稳定性是第一要务。一个优秀的开发者所编写的代码应该尽量考虑各种异常情况，保证对于要求之外的输出有一定的处理能力。

代码的健壮性是一个开发者编程经验的体现，一般情况下，如果有用户输入的场景，就需要额外小心，因为用户的输入常常是千奇百怪、不可预测的。

9.1.3 关于学习编程的一些建议

编程是一门非常实用的技术。编程不仅可以作为兴趣爱好，也可以切切实实地用于实际工作。下面给出一些建议，让你在学习时可以事半功倍。

语言是编程的基础，在学习一门编程技术之前，首先需要认真学习这门编程技术所使用的编程语言。编程语言种类繁多，但是其中的思路往往都是相通的，精通一门编程语言后，你便可以十分轻松地学习和使用其他语言。

学习一门编程语言，首先应该学习其数据类型，了解其支持哪些数据类型；之后学习运算符与内置函数，通过运算符和内置函数完成基本的运算需求；接着学习这门语言对应的各种逻辑结构，比如分支结构、循环结构、终端结构和异常结构等。掌握了各种逻辑结构，便可以为静态的代码添加动态灵魂。如果你学习的这门语言是面向对象的，则之后还需要学习类、属性与方法、继承与重写等面向对象的内容。

有了语言基础，你要尝试使用它编写一些小示例、小应用，一些可用或好玩的工具和游戏等。这时你将接触到大量的模块或第三方包。你将学习和使用各种扩展函数。

学习编程技术的最后一步是将其付诸实践，你需要尝试自己动手开发一个完整的项目，这不仅需要灵活、综合地应用之前学习的内容，还需要大量学习第三方框架。

完成一两个实战项目的练习后，你才真正掌握了这门编程技术，后面需要大量的实践和总结积累。在平时编程的过程中将问题与解决方法记录下来是十分有益的，遇到的问题多了，解决的问题多了，积累得多了，你就会成为这一领域的"大牛"。

9.2 还有一些好玩的——更多编程领域的建议

学习完本书，你一定会有收获。比如熟悉了 Python 语言的用法；能够使用 Python 编写小桌面软件、小游戏；会用 Python 进行数据的读取与存储；能够编写简单的网站和爬虫程序等。其实，编程的世界博大精深，本书没有办法将全部内容囊括其中，让你大饱眼福，但是可以起到抛砖引玉的作用，让你对编程产生兴趣，并顺着自己感兴趣的方向继续探索。

9.2.1 如果你喜欢开发桌面应用

如果你对 PC 机的桌面应用非常感兴趣，Python 本身就是一个非常好的工具，使用它配合 Tkinter 或者 PyQt 框架可以十分方便地开发出漂亮实用的桌面软件，并且它支持跨平台，无论是 Windows、Linux 还是 Mac OS 系统都可以很好地运行。

Java 是一个非常优秀的跨平台语言，它原生提供了一个 GUI 包，使用 Java 可以方便地开发出跨平台的桌面软件程序。

如果你专注于 Mac OS 的开发，则 Objective-C 语言或 Swift 语言是更加适合的选择，它们是 Apple 公司专门为其操作系统产品所维护的编程语言，功能强大，扩展包丰富。

9、2、2　如果你对网站开发感兴趣

严格来讲，网站开发是一个非常大的领域，可以分为前端开发与后端开发。本书我们尝试过使用 Python 编写个人博客，Python 在其中的主要作用是后端路由的配置、模板的组合、数据的交互等，这些都属于后端开发范围。前端开发是指 HTML 模板的编写、CSS 样式表的编写以及部分前端交逻辑 JavaScript 的编写。

HTML 5 中提供了大量的标准标签以及绘图相关的组件。如果你对网页的绘制有兴趣，可以对 HTML 5 深入学习一下。仅有 HTML 模板只能将网页的大致结构表现出来，一个精致的网页界面是离不开 CSS 样式表的，CSS 标准中也有非常多的属性可以使用，并且通过 Less 或者 Sass 扩展语言可以使用变相对象的方式编写 CSS 样式表代码，非常方便。如果你想要编写出令人惊艳的界面效果和动画，那么可以深入学习 CSS 及其相关扩展语言。JavaScript 是目前流行的脚本语言。很长一段时间内，JavaScript 都被当作玩具语言，只是用来为前端页面添加一些灵活性，但是随着 ECMAScript 6 的发布，JavaScript 不再仅用于浏览器中，它可以编写单页面网页应用、工具脚本、网页工具，甚至是原生的 Android 和 iOS 跨平台应用。总之，这是一个非常神奇的语言，你可以自己去体验它。

9、2、3　如果你对移动应用开发感兴趣

移动应用的重要性有时会超过桌面应用，尤其是人们生活相关的应用中，移动应用的使用更加方便，人们对它们的依赖也更强。

如果你想开发体验优质的 Android 应用程序，首先需要学习 Java 或者 Kotlin 编程语言，还需要安装 Android Studio 集成开发环境。如果你想开发体验优质的 iOS 应用程序，则 Xcode 集成开发环境是不可缺少的，并且需要先学习 Objective-C 或者 Swift 编程语言。上面提到的 4 种编程语言中，Java 与 Objective-C 历史更久，也更加成熟。Kotlin 与 Swift 比较年轻，它们十分相似，并且具有现代编程语言的所有优良特性。无论你选择哪种语言进行学习，它们都能完整地支持你的所有开发需求。

需要注意，原生的 Android 或者 iOS 应用是不能跨平台的，也就是说，你可能需要编写两套不同的代码分别在 Android 和 iOS 设备上运行。但是不要沮丧，有一些第三方框架可以支持跨平台应用程序的开发。

React Native 是 Facebook 于 2015 年提出的一套跨平台移动端应用开发解决方案。它可以仅编写一套代码，开发的应用便可以在原生的 Android 和 iOS 系统上

运行，并且使用的编程语言是非常流行的 JavaScript，如果你喜欢 JavaScript 并且学习了它，那么可以尝试使用 React Native 进行跨平台应用的开发。

Flutter 是 Google 开发的一套移动端跨平台的 UI 框架，其可以快速地在 Android 和 iOS 上构建高质量、体验优质的原生用户界面。并且非常方便的是，Android Studio 已经可以支持 Flutter 应用的开发。Flutter 使用 Dart 语言进行开发，Dart 语言是一种十分优秀的面向对象语言，其与 JavaScript 类似，可以应用于移动端、服务端、网站等领域的开发。